普通高等教育工业设计专业系列教材

产品语义设计

Product Semantics Design

高力群　编著
张乃仁　主审

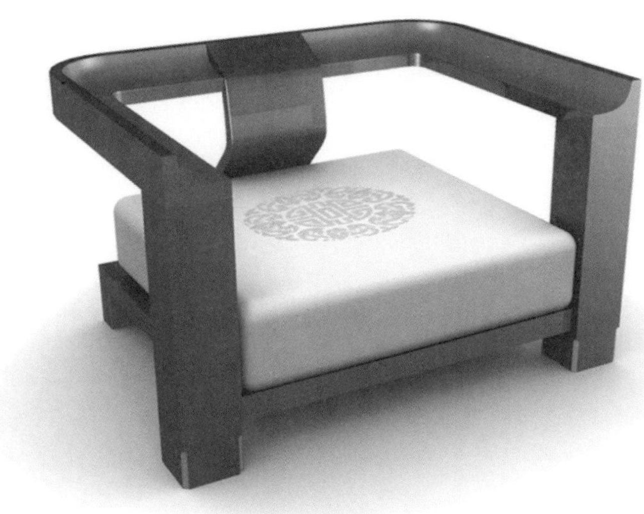

机械工业出版社
CHINA MACHINE PRESS

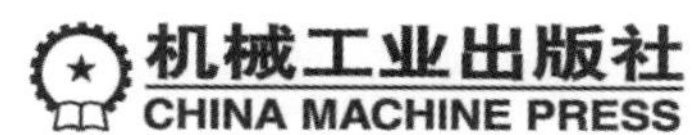

产品如同语言一样，都具有符号的特性，都是用来交流、沟通和传达意义的。产品语义的设计就是运用语言符号的方法审视和思考设计。本书从设计符号的基本理论出发，对意义、传达、语境、修辞等概念进行了阐述，针对多个案例进行了剖析和设计实践过程的展示与探索。通过符号的关联性和语言学中的修辞方法展开发散思维与联想，以期觅得产品预定概念和意义的最佳传达途径。

本书适于工业设计专业本科生、研究生和教师使用，同时也可供专业设计师参考。

图书在版编目（CIP）数据

产品语义设计/高力群编著.—北京：机械工业出版社，2010.7（2022.8 重印）
普通高等教育工业设计专业系列教材
ISBN 978-7-111-30867-6

Ⅰ.①产… Ⅱ.①高… Ⅲ.①产品—设计—高等学校—教材 Ⅳ.①TB472

中国版本图书馆 CIP 数据核字（2010）第 100670 号

机械工业出版社（北京市百万庄大街 22 号　邮政编码 100037）
策划编辑：冯春生　责任编辑：冯春生
责任校对：常天培　封面设计：张　静
责任印制：常天培
北京宝隆世纪印刷有限公司印刷
2022 年 8 月第 1 版·第 6 次印刷
210mm×285mm·9.5 印张·210 千字
标准书号：ISBN 978-7-111-30867-6
定价：49.00 元

电话服务	网络服务
客服电话：010-88361066	机 工 官 网：www.cmpbook.com
010-88379833	机 工 官 博：weibo.com/cmp1952
010-68326294	金 书 网：www.golden-book.com
封底无防伪标均为盗版	机工教育服务网：www.cmpedu.com

教材编审委员会

序

学习设计时，需要掌握正确的设计程序和思维方法。老师教导我们在设计每一件产品时都要考虑到特定的人、时间、环境和人的行为，要追问“这是什么（功能的描述与概括）？为何要如此？目前都有哪些方式？”等问题；老师不断地告诫我们，设计师要练就丰富的想象和发散思维能力；设计师应兴趣广泛，去涉猎多个不同的领域。

如果从语言学（符号学）的角度来看，设计一件产品可以比作书写一篇文章，它可以是一篇散文，也可以是一首诗。设计师就像一位作家一样，将头脑中的概念和情感“写入”产品这篇“文章”中。而意义的有效传达需要在特定的“语境”中进行，“语境”就是上面所讲的“特定的人、时间、环境和行为等”。合理地运用“修辞”可使文章愈加生动、通俗易懂，更易于打动读者。而修辞的主要特点就是“比喻”，通过比喻可以引发、关联到不同领域的符号形式，使得文字（产品）意义的表达鲜活而丰富。前面所说的“设计师要具有丰富的想象和发散思维能力，设计师要涉猎多个领域。”其实就是运用“修辞”这样一种思维方式，去最大限度地关联到不同领域的符号作为设计的源点。“发散思维能力”就是指设计者头脑中所关联出的“符号之网”能够张撒多远的能力，而“符号之网”的编织，需要设计师平时在多个知识领域的积累和自身修养的不断提高。当今，在时尚界有个时髦的说法，叫做“跨界”和“反串”，其目的和意义也是如此。从某种意义上讲，设计师又似一个“渔夫”，如果手中的鱼网硕大而且能够撒得广远，便可以网到“大鱼”，而这条“大鱼”即是我们所说的“好创意”！

产品如同语言一样，都具有符号的特性，都是用来交流、沟通、传达意义的。作家依靠字、词、句、段等要素撰写文章、表达思想与情感，运用修辞手段、语法规则以期达到最佳之效；设计师则依靠点、线、面、体、材质、色彩和结构等要素塑造产品形态，传达产品的功能与美感，运用形式法则（诸如对比、均衡、稳定、韵律、过渡等）以及在形式背后的对受众心理、文化背景和象征内涵的把握，以期传递出预定的概念和意义。产品语义学就是将语言符号的研究方法和体系（语构、语义和语用）引入到设计领域中来，将产品作为一个信息的载体，通过产品的外在形式传达出“它是什么？有何功用？如何操作？意味着什么？”等含义，使产品具有“自明性”，以实现与使用者的良好交流。它将产品的物质属性与精神属性都纳入到“功能”的概念中统一看待，强调产品意义的有效传达，并将文化性、心理性、象征性等内涵意义作为评价产品“功能”的重要标准。

倘若一个人不能正常向他人表达自己的想法和情感，该是多么痛苦的一件事情！设计一件产品也是如此。一个优秀的设计师，之所以能够很好地运用“形式语言”进行产品形态的塑造，设计出“语义”明确的作品，往往得益于设计者自身的语言功力。所以，作为设计者有必要经常写写诗歌或者散文，对那些深深触动你的事物尽情地抒发一下情感，因为设计的目的也是为了让我们生活的这个世界充满诗情和画意。丰富、生动的语言表达能力，它不仅体现了一种技能，更是一种思维方式。

本书参考了国内外有关产品语义学、符号学及修辞学方面的文献及论著，引用了大量最新的设计案例和作者部分设计实践案例，并逐一进行了分析注释。本书考虑到设计教学的特点和读者群的知识结构，在章节的编排、文字的叙述形式等方面，尽可能做到循序渐进、通俗易懂，以增强文章内容的可操作性和可读性。

在本书即将截稿时，恰逢河北科技大学工业设计系设立10周年，本书的完成与出版也权作对这个特殊日子的一个纪念。本书有幸邀请到北京理工大学张乃仁教授作为主审，张教授对文章的内容、结构和叙述方式都给予了非常有价值的建议，在此，对张教授的帮助与指导表示深深的感谢！另外，书中引用的设计实例中也有本系许多老师的心血在其中，在此，感谢他（她）们对我的支持与帮助！我的研究生刘志霞、路杰、刘斌、王蓓佳也在本书撰写过程中参与了设计训练中案例的设计工作，感谢他（她）们付出的努力！同时要感谢机械工业出版社的冯春生先生及全体同仁的大力支持，使得此书得以出版。最后，感谢妻儿在整个书稿编写过程中对我的宽容与关怀！

本书适于在校的工业设计专业高年级本科生、研究生、教师使用，也适于从事产品设计的专业设计师作为参考读物。本书若能使读者有些许帮助和启迪，将是本人莫大的快慰。由于作者水平所限，书中难免有不妥乃至错误之处，恳请读者给予批评指正。

高力群

目　录
CONTENTS

第1章

设计符号理论概述

本章对符号的基本概念、发展过程及理论体系进行了简要的陈述，对其功能、分类及特性方面进行了概括介绍，强调了设计符号所具有的独特性，并且对符号与文化的关系进行了分析与说明。设计既是创造新符号的一个过程，也是创造新文化的一种活动，指出了利用符号的关联性寻求并赋予其新的内涵意义是设计活动的一个重要目的。

本章关键词：符号，能指，所指，文化

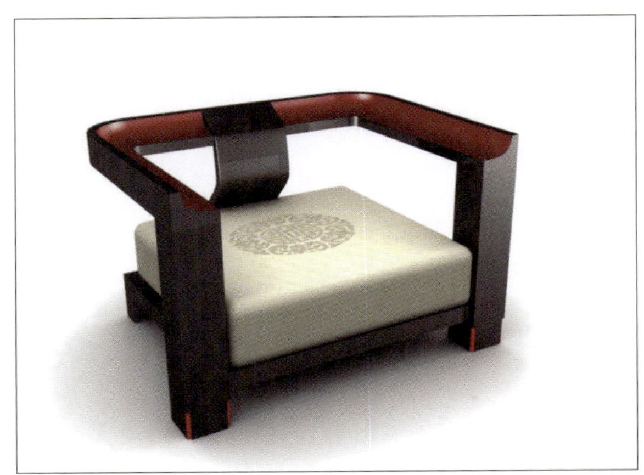

1.1 设计符号理论的意义

我们生活在一个充满人为事物所包围的世界中，即所谓第二自然。即使是在第一自然也会随处看到人工的烙印和意志。设计是研究人为事物的科学，是针对特定目标进行求解与诠释的活动，是运用分析、综合、归纳、推理等多种方法以及形象思维、逻辑思维等多种思维方式进行造物的科学行为，是一门寓现代方法论于其中，以科学的严谨与艺术的感性来为人们创造更加合理的生存方式的一门学科。设计从本质上可被定义为人类塑造自身环境的一种能力。人类通过各种非自然的存在方式改造环境，以满足自身需要，并赋予生活以意义。

所谓符号学（Semiotics 或 Semiology），就是研究符号的一般理论的学科，它研究符号的本质、发展变化规律、各种异议、彼此间以及符号与人类多种活动之间的关系。符号学原来主要研究语言，特别是形式化语言问题，其方法与对象较为单一。在当代符号学的研究中，融入了逻辑学、哲学、人类学、心理学、社会学、生物学以及传播学和信息科学的方法和研究成果。符号学既是一种批判研究的洞察力，又是一种方法论。在这个意义上讲，符号学完全可以作为检验宇宙以及人们对宇宙的理解方式的一种架构，是我们看待事物的一种全新的视角。综合性和跨学科性是当代符号学的突出特点。

符号是负载和传递信息的中介，是认识事物的一种简化手段，表现为有意义的代码和代码系统。当然，符号这一概念的外延相当广泛，设计中的符号作为一种非语言符号，与语言符号有许多共性，使得语义学对设计也有实际的指导作用。通常来说，可以把设计的元素和基本手段看做符号，通过对这些元素的加工与整合，像书写一篇文章一样，实现产品传情达意的目的。

人与人之间的交流是通过语言来进行的，物与人之间的交流是通过物的功能及形态语义来传达实现的。设计理论家布德克曾说过：设计的目的并非仅是产生一个物质实体，它还需实现“沟通”的功能。柏林国际中心（International Design Zentrum Berlin）在1979年一项展览中对设计的定义为：“好的设计不是包装设计，它必须将各类产品的特性，用适当的造型手法表达出来；它必须将产品的功能及操作简单明白地呈现出来，并被使用者清晰地理解。”设计的这一特质，使设计在人们文化生活和信息交流中彰显出与文字语言相似的某些特征，从而使我们有可能运用现代符号学、语言学的原理和方法，探究设计符号产生、演变的规律以及设计符号形式与意义之间的关系，用设计符号学的视角重新审视和理解产品设计，为产品设计提供有效的技术指导和理论依据，为设计的综合化、系统化和科学化奠定基础。

我们周围的事物都不仅仅以物质形态或物理属性与人发生关系，它们总会或多或少地向我们传达着某种寓意和信息，即它们都具有一定的意义，同时作为意义的载体或符号出现。无论是人类创造的语言、音乐、舞蹈、艺术作品，还是制造出的各种物品，无不散发出意义的味道（图1-1）。甚至一些人类无法企及的现象，也都可以经由人的观察、推想而具有意义。人的意义活动，一方面是理解、把握认识对象，形成意义的过程；另一方面又是赋予特定的物质客体（如语音、图形、文字等）以一定意义的活动。而后者就是意义的符号化过程。如人们曾把天空中群星位置的排列看成是一种神秘的“天文”，是上天向人类发出带有“凶吉祸福”的征兆，亘古以来人们观察、研读它，无非是想读懂它，从中找出天意。而各种各样的占星术，

图1-1　一个充满意义的符号世界

也无非是想把“天”的符号转译成人所使用的符号的翻译术。可见，人类不只是生活在一个单纯的物质世界中，同时也生活于一个意义的世界之中，人类的活动就是一种追求意义、创造意义的过程。对此，美国著名人类学家格尔茨在《文化的解释》中指出：“人类是由自身编织的意义网眼所支撑的动物。”不断追求与创造意义，就是提升人类的主体性，从而使人成其为人。德国著名哲学家卡西尔也认为，人是进行符号活动的动物，而“符号是人类意义世界的一部分。”虽然时期不同，采用的方式也各有差异，但这种寻求事物所蕴涵意义及创造意义的活动却一直伴随了整个人类文明的进程。

事实告诉我们，“人为事物”应该被赋予生命和意义，它们需要告诉人们：它们是如何出现的，使用了何种技术，如何使用与操作，表达了何种文化内涵，体现了怎样的生活方式和价值观念等。设计符号学可以使我们意识到在物体形态之中隐含着各种不同的“社会意识形态”，产品的形态具有“语言”的功能，可以通过产品造型来传达出意义。符号学是研究能指（形式）与所指（意义）之间关系的学科，符号的意义在于它们积淀了许多科学的经验和研究的成果，是认识周围世界的一个不可分割的部分和有效手段。符号和符号系统的建立，并非为了用一种约定俗成的符号和固定不变的系统来取代人们对现实世界的认识，而是为了不断完善和发展这种认识。因此，符号学并没有那种普遍的本体论意义，而主要是方法论上的意义，主要涉及思想与表达之间的关系。符号是人类认识事物的媒介，是表达思想情感的载体，是人们实现信息、知识的传递和相互交往的手段。美国著名哲学家皮尔斯，对符号理论的建立做出了卓越的贡献。他将符号作为一种特殊范畴的概念与某种存在物加以联系并准确地做出定义，他所创建的符号三分法思想影响深远。皮尔斯的重要表述是把符号分为图像符号、指示符号和象征符号三大类，由于体现了不同的逻辑表达方式，而且思想体系严格完整，因此他建立的符号理论对艺术研究尤其是设计理论研究提供了一种广阔的视野和全新的方法。在人们对产品的要求越来越注重内涵与象征性的今天，设计符号学无疑是一种解决这种多维性需求的有力武器。

1.2 符号理论发展简史

1.2.1 符号理论的历史追溯

符号的演变历史几乎与人类的历史一样久远，文字是人类创造的符号中最具意义和代表性的形式（图1-2）。符号学可以追溯到古希腊时期。这种概念最早被用于古希腊的医疗领域中。当时，通过征候来对病人进行诊断和病情发展态势的预测。古希腊医学家希波克拉底（Hippcrates）的《论预后诊断》和古罗马医学家盖伦（Galen）的《症状学》就是最早关于符号学的著作。柏拉图也提出了许多关于符号学的观点，包含以下这些经典词汇：符号（Semeion）、征候（Semainomenon）以及对象（Object）。而亚里士多德则说道：“口语是心灵的经验符号，而文字则是口语的符号。”他延续了柏拉图的思考，并发展成一套口语和书写符号的理论，其精髓就在于：符号之中“某物代表他物”。此外，伊壁鸠鲁学派的哲学家菲洛泽穆斯曾写过《符号论》一书。到古罗马时期，哲学家圣·奥古斯丁对符号下了这样一个定义："符号是这样一种东西，它使我们想到在这个事物加诸多感觉的印象之外的某种事物。"

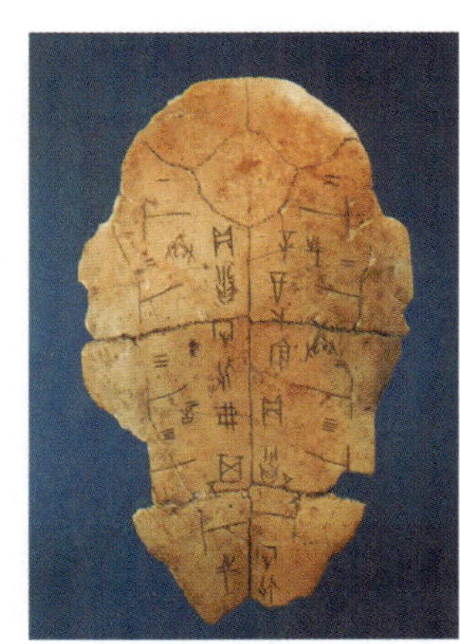

图1-2 遗留下来人类较早的符号形式——文字与壁画

古希腊（公元前3世纪）时代是学术百家争鸣的时期，在有关符号学的研究方面注重逻辑学三段论法的符号化；关注符号推论的性质与方式问题；系统地探讨了传统的语法理论；关注非语言符号的性质与推理问题，提出了符号由载体与所指内容、所指对象结合的语义三角形；正式提出了由自然符号形成的意指关系所具有的平行性，使语义问题的讨论趋于精确。

公元4、5世纪之交，因神学的特殊性决定了该时期符号学研究存在内在论或内省论的倾向，并按符号内容与符号形式的关联方式，将符号分为自然符号和约定符号，按符号的语义功能将符号分为直意符号和喻意符号。但是，符号领域的研究主要仅指向精神世界和神的世界，这也是时代的必然。11世纪之后的中世纪后期，增强了哲学、神学中的理性精神，重点在于对意指作用与语义学的研究。17世纪英国哲学家洛克在《人类理解论》中将科学分成三种：第一种是哲学，第二种是伦理学，第三种就是Semiotics，即所谓的符号学。符号学的职责在于考察人为了理解事物、传达知识于他人时所用符号的本性，也称为"观念"。德国哲学家康德在《实用人类学》中论及人的"标记能力"时指出："以当前事物为媒介，把预见未来事情的观念与对过去事情的观念联结起来的认识能力就是标记能力。由这种联结所引起的心灵动作就是标记，它也被称为标识，其更大的程度则被称为标志。"这里的"标志"就是指符号。康德延续并发展了洛克的符号理论思想，提出了"一切语言都是思想的标记，反之，思想标记最优越的方式，即运用语言这种最广泛的工具来了解自己和他人"的主张，并把符号与概念联系起来。

在中国古代，有关符号（虽然不直接称谓）的研究，可追溯到殷商时期。甲骨文中的一切记载，反映出符号语义学的特征，而中国古代最为系统化的符号研究就是《周易》。在《易经·系辞传》中记载："古者，包羲氏之王天下也。仰则观象于天，俯则观法于地。观鸟兽之文，与地之宜，近取诸身，远取诸物。于是始作八卦，以通神明之德，以类万物之情。"

1.2.2 现代符号学的发展

当今，符号学已经被广泛应用于设计中，目前有两种趋势影响最广：源自于语言学的记号学（Semiology）和当前的符号学（Semiotics），后者可以在美国实用主义哲学中找到它的源头。查尔斯·桑德斯·皮尔斯（Charles Sanders Peirce，1839—1914，图1-3a）被誉为真正的符号学之父，是实用主义学派的奠基人之一。在他看来，宇宙是以知识的统一为导向，而这种知识是在符号学的逻辑下实现的。1867年，皮尔斯开始了在符号学领域的研究，并提出了符号学的重要概念——三位一体（符号、对象和阐释者），认为任何一个符号都由这三种要素构成，强调符号只有涉及某一物体或解释时才会存在。皮尔斯着重于符号自身逻辑结构的研究，着重分析人们认识事物意义的逻辑结构，并把符号学范畴建立在思维和判断的关系逻辑上。

费尔迪南·德·索绪尔（Ferdinand de Saussure，1857—1913年，图1-3b）于1906～1911年，在日内瓦的一所大学授课，他对学生的讲义后来被汇编成著作《语言学教程》而出版。索绪尔被公认为构造主义语言学和构造主义思维方式的创始人。正是由于他的研究和努力，使得语言学最终成为一门独立的学科而得到重视。

a）

b）

图1-3 著名的符号学家与哲学家

a）美国人查尔斯·桑德斯·皮尔斯 b）瑞士人费尔迪南·德·索绪尔

索绪尔在谈到关于语言的特征时说道，人们在使用语言来指代某物时，就已经是处于语言之外了，是“一种真实客观存在的物体或是实事”。语言上的符号并不仅仅是物理上的声音，而且是心理印象的一种表现。他将这个联合体称之为概念与语言形态的总体。一把椅子的概念和这组字母的发音之间没有必然的关联，关联只是通过集体约定（如习俗）才建立起来的。

查尔斯·威廉·莫里斯（1901—1979）吸取了皮尔斯的思想，提出了行为符号学的观点。他通过标识、评价、指令来区分符号学中的行为意义，在他的著作《符号学理论基础》（1938年）一书中，区分了三种符号的尺度：语构（Syntactic）——符号在整个符号系统中的相互关系；语义（Semantic）——符号与所指代物体或它们所表达的意思之间的关系；语用（Pragmatic）——符号与符号使用者即阐释者之间的关系，如图1-4所示。

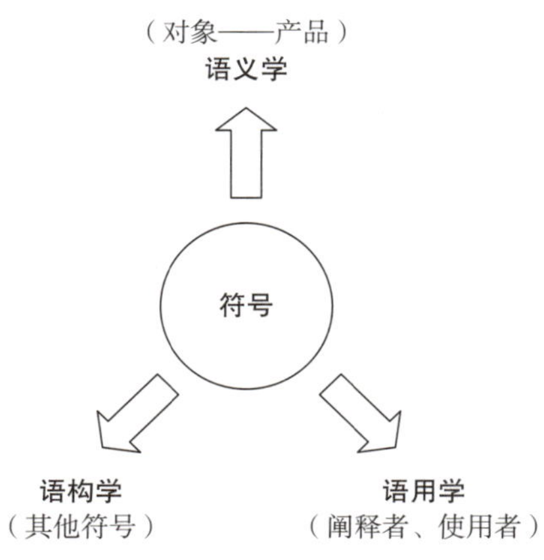

图1-4 莫里斯的“语义学-语构学-语用学”

在20世纪后半叶，马克斯·本泽（1910—1990）在其出版的著作中对于创造性学科的理论阐释对现代设计理论的完善发挥了最为持久的影响。他是最早研究皮尔斯和莫里斯著作的人之一，并试图运用其理论对美学问题概念化。通过当时在斯图加特大学和乌尔姆设计学院的从教背景，他发起了在信息、产品设计和视觉传达领域的符号学研究。本泽发表了大量符号学著作，这些著作对现代设计理论的发展有着深远的影响。

让·博德里亚尔（Jean Baudrillard，出生于1929年）将符号结构主义应用到对人们日常生活的分析中，研究的对象包括家庭用品、汽车、高科技产品等。他分析并揭露出了产品中的政治经济意图：日用品的存在并不是为了其功效并被舒适地使用，而是为了被生产出并被购买。换句话说，它们的形成并不是因为我们的需求，也不是因为世界次序的传统意志，而完全是根据生产要求和标准化的意识形态。

安伯托·埃克（Umberto Eco，出生于1932年）在文艺语言学、美学、认识论、符号学以及结构主义方法等领域做出了相当大的贡献。在他看来，任何关于符号学的研究都是要追求信息的交流，就像通信的传播要依靠代码一样。埃克从皮尔斯的思想出发，分析了信息交流的过程，并认为所有的文化进程都可以通过符号学的观点来加以分析。代码是传输的标准，某一被加密的符号被解密时，我们就可以辨别出它所代表的意义。埃克的这种指示方式意味着一种“表达”（符号）引发了接受者内部的某种“信息”（某一特殊文化知识），这种引发是直接的。以座椅为例，它是一种具有“坐”的功能的器具，而其内涵是指那些可以引起个人意识的、社会性的具有符号意义的一切东西。作为座椅，有国王的宝座、艺术性作品、法官的椅子、孩子们上课的座椅等说不尽的形式，但其中包含着内涵的差异。这种内涵可以在特定的社会中通过某一符号而被表达，这一符号形式可从大量的相互关联的事物中被选择与提炼出来（图1-5）。

在《符号学初步》一书中，埃克用生动的例子论证了“形式追随功能”的功能主义原则在符号学理论中的根据。根据通信技术的观点，形式必须得清晰地指明其功能，不仅仅要使产品的操作成为可能，而且要达到一种令人愉悦的操作方式，即形式具有一定的暗示功能，并且要基于人们常规思维的期望和习惯。

在设计领域中，较早对符号学进行研究和实践的是在建筑界。20世纪60年代，在罗伯特·文丘里（Robert Venturi）的建筑设计理念中就明显带有符号学的倾向，并以建筑的复杂性和矛盾性为主题做了大量的基础性研究，倡导有意义的建筑设计，直接向国际主义风格发出挑战。再有，符号学家R. 科佛将建筑视为一种非语言的信息传达方式，并建立了“环境符号学”理论，想通过符号促使环境与人类之间进行交流。直到查尔斯·詹克斯的研究，才使得建

图1-5　虽同样具有“坐”的功能，却传达出不同的文化内涵

筑和语言的关系被广泛地接受和认可。建筑造型作为一种符号，是所要传达信息的载体。他将建筑造型中的元素与语言学中的词汇、短语等对应，阐释了一种作为符号的建筑造型概念。他的著作《后现代建筑语言》打开了后现代主义建筑之门，倡导多样化设计的建筑风格，对整个世界的建筑都产生了重要的影响。

近代，众多学者和设计师的研究和实践使得人们开始重新认识传达的意义。对于设计师而言，设计目标是使受众领悟到形式的含义时，才能证明设计方案的成功。这种理论基础可以在符号学或产品感知中得到解释，即含义是由人的意识而产生，也就是由先前的经验或者是习俗而形成的。“信息并不是被传输的，而是被建构的”，这是信息传达中的重要特征，任何情形、社会文化以及个人状况都是影响这种建立的因素。因此，在产品设计中，要使得产品传达的信息易于被理解和被分辨，就需从产品文化的背景中分析人们的生活方式和行为模式，设计出易识别的产品形态。这样，就能够使产品被尽可能大范围的使用者所接受，这是作为社会交互传达手段的产品所要具备的功能。

不同的理论家在描述物品的信息传达功能时，都使用了相似的概念。让・博德里亚尔提出了产品的主要功能和次要功能理论。埃克阐释了“缺失的结构”（Absent Structure）理论，并将其细分为“第一功能”和“第二功能”。当然，这种次序并不是一种价值高低的判断，而是指一种功能会比其他功能显得更为重要。次要功能（内涵）要基于首要功能（外延）而存在。对于埃克来说，世间的一切事物都是由符号构成的，文化情况也同样可以从构成它的符号中去理解。

1.3 关于符号

1.3.1 符号的概念

概括地讲，一切有意义的且能够被感知的物质形式都可称做符号。符号是利用一定媒介来表现或指称某一事物，并可以被大众所理解的事物。例如一块石块本身没有任何意义，它最多只能作为符号的媒介联系物而不能作为符号；但是当打磨成石斧而作为工具使用时，石块就能指示出一定的意义——石斧，当这种意义被人们所理解时，石斧就构成了符号。从“石斧”的符号特征可以看出，符号是意义与对象世界之间的结构关系，这种结构关系使对象和意义融合为统一的符号系统。就像人类通过产品改变生活方式，从而使人、自然与社会协调发展，融为一体一样，符号使人与世界沟通，使世界作为意义被主体理解和掌握（图1-6）。

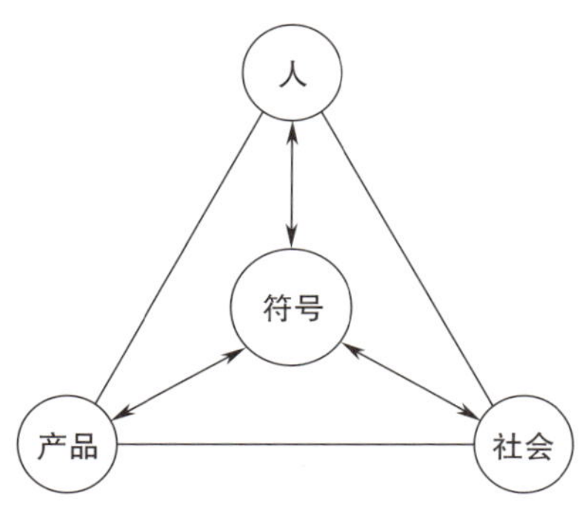

图1-6 符号-人-产品-社会

尽管众多学者对符号的定义见仁见智，但总的思路和意思基本一致，具体说来应包括以下三方面：

第一，符号是一种能够被人的感知器官感受到的某种物质存在形式。感知器官就是指视觉、触觉、味觉、听觉和嗅觉。物质存在形式指语言、声音、文字、气味、烟火、图像及各种人造物质实体。

第二，符号是某个特定事物的替代或者称媒介（Media）。

第三，符号一定显示或包含着某种意义，没有意义便不能称其为符号，这是符号所具有的非常重要的属性之一。如果没有意义，符号便失去了传达的作用，也就失去了存在的根本。

1.3.2 符号模型

为了更加清楚而直观地表达对符号概念的理解，语言学家和符号学家们采用了符号模型来描述符号。目前较具代表性的是美国哲学家查尔斯·桑德斯·皮尔斯提出的符号“三元一体”模型（即“符号三角”模型）和瑞士语言学家费尔迪南·德·索绪尔采用的符号“二元一体”模型。

1. 三元一体模型

在符号三元一体模型里，符号是由能指、所指以及指涉物三者构成的总称，图1-7所示为皮尔斯提出的符号模型。首先解释一下符号组成的三个术语，其中：

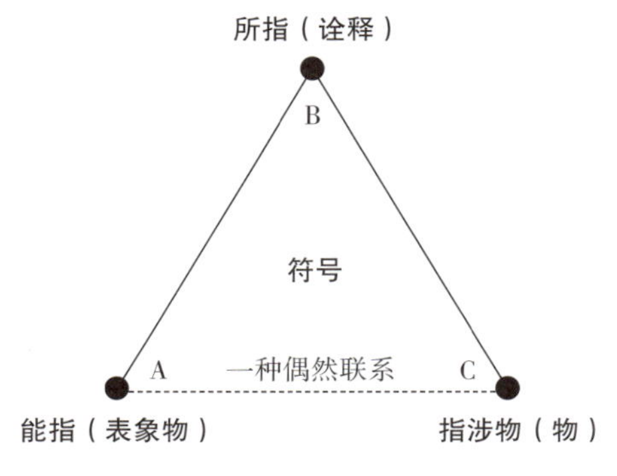

图1-7 符号三元一体模型

（1）能指（Signifier，或译为符征） 也可称为符号载体，即符号所采用的某种形式，亦即可辨识、可感知的刺激或刺激物。产品作为符号，其能指可以认为是造型的表现形式（包括形态、色彩、结构、表面肌理等）。

（2）所指（Signified，或译为符旨） 符号所表达的意义、意思，或者说能指所代表的意义，如文字所表达的意义。作为符号的产品，其线条粗细的变化可表现为静态或动态，曲直过渡可表现出硬朗或柔美，色彩的冷暖可表现为沉静或活泼……

（3）指涉物 能指所代表的具体事物，如“树”这一汉字所指现实中具体的那棵（类）“树”。

需要指出的是，在能指（A）与指涉物（C）之间采用的是一条虚线，且注明是“一种偶然的联系”。意思就是，能指所要表达的指涉物并非唯一、必然的联系。还引用上面的例子，如果要表现实际中特定的那棵“树”，我们可以使用文字描述，也可以采用图片或是影像的方式表达。总之，只要能够表达出特定的那棵树，任何能够被我们感知到的物质形式都可以采用（图1-8）。

图1-8 表现“树”的概念所采用的不同表现形式

2. 二元一体模型

由索绪尔提出的符号模型将皮尔斯三元一体模型中的“指涉物”舍弃掉，只保留了能指与所指作为符号的二元一体模型（图1-9）。一个事物成为符号所具备的要素，其中最为重要的就是能指（符号存在的形式）和所指（符号的意义），两者不可分割。在索绪尔看来，能指和所指就像一张纸的两面，是紧密联系的。当我们运用符号时，这两者是作为整体同时同位地出现在我们的思维中，这样我们才能运用符号进行思考与沟通。因此，人类使用的各种符号并不是我们所熟悉的客观事物，而是我们思维的产物，是一个非实在的心理建构（Mental Construct）。从某种意义上看，符号的二元一体模型更加强调了符号意义的重要性，也是被广泛采用的一种符号模式。

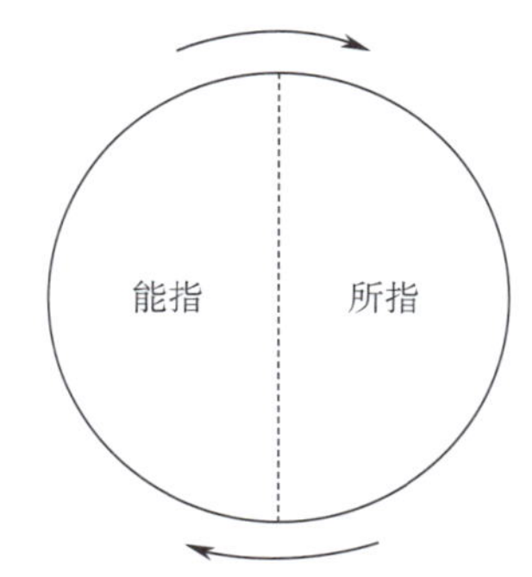

图1-9 符号二元一体模型

1.3.3 符号的分类

符号的分类方式有很多，可根据符号（能指）的物理存在性、符号的认知性以及指涉物的范畴等进行分类。在这里主要针对设计领域将符号依照语言类和非语言类进行划分，而产品设计主要以非语言的视觉符号形式出现，当然有时也涉及听觉和触觉等。产品属于图像类符号，它分为相似图像、指示图像和象征图像三种类型（图1-10）。

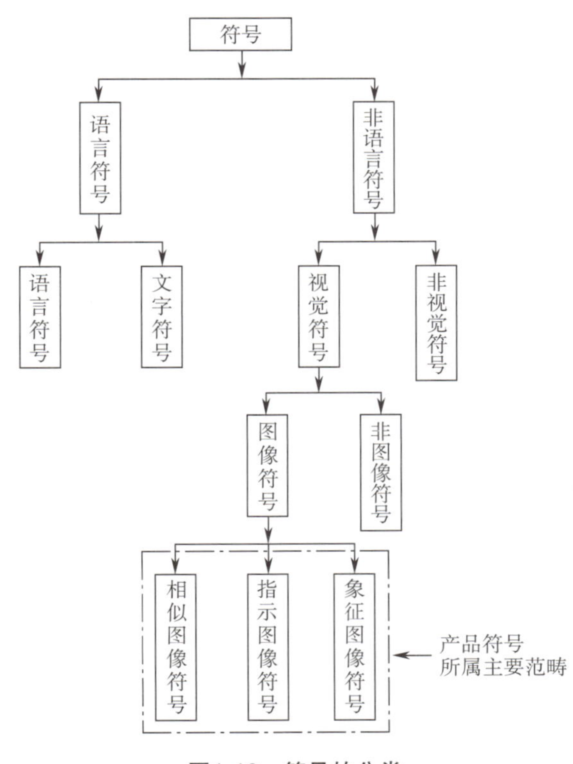

图1-10　符号的分类

1. 相似图像符号

相似图像符号是以模拟形象或与该形象相似之物构成的符号媒介，它具有直观性的特点，如图1-11所示。例如人的肖像便是该人的图像符号，我们未见过其人，但看到他的照片便知道他的长相，这是相似图像符号传播信息功能的体现。在产品设计中，相似图像符号的手法很早便开始采用，如原始社会时模仿各种动物的造型塑造的陶器，先秦时期形态各异的青铜器等。此外，欧洲新艺术运动中的设计图案，以及现代设计中的仿生学的应用，在一定程度上也是相似图像符号应用的另一诠释。如在新艺术运动中，艺术家们多从自然草木中直接抽取装饰纹样，常用流水、百合花、白鸟、孔雀等为题材，形态流动，线条蜿蜒交织，以象征和隐喻大自然内在的活力和无休止的创造过程，具有浓郁的唯美倾向。其中如著名的西班牙建筑师高迪所设计的极蕴生命力的米拉公寓，其造型符号便来源于波浪或植物芥蒂。但是，相似图像模拟手法的运用，不能脱离产品的类型特征和功能目的，如果这种相似图像符号给人以认知上的误导，则为相似图像符号在设计中的错误运用。

图1-11　相似图像符号形式

2. 指示图像符号

指示图像符号因与指称对象有着某种因果或空间关系，也成为现代设计中不可忽略的设计元素。如产品上的使用开关、道路的指向说明、建筑的功能分布等，都需要通过指示图像符号来达到标识的作用，如图1-12所示。指示图像符号的表现方式很多，可以是文字，也可以是图像、色彩甚至物体的造型等，它们均可作为一种指示图像符号在设计中发挥作用。按苏珊·朗格的观点，文字是不同于设计中常用的表象性符号，被定为是推论性符号，但文字作为一种具有强大的表意功能的符号系统，也同样具有强大的指示功能，如电器上的开（ON）、关（OFF）和厕所（WC）等符号便让人一目了然。此外，文字本身也是标志设计的一项重要内容，其形式变化的本身也具有信息传达的指示作用。再如色彩，也可以作为一种指示图像符号而存在。不同明度和色相的色彩会给人以不同的心理感受，如冷热、轻重、强弱、远近、进退、胀缩、兴奋、宁静等，因而可以借此调整产品的造型并使之成为一种指示图像符号，如道路交通中的红绿灯及一些电器上的彩灯均有着不同的指示图像符号功能。

图1-12　指示图像符号形式

如上所述，在产品设计中，指示图像符号总是涉及到产品的实用功能。它们使得产品的技术功能得以在视觉上得到表现，解释其如何进行处理和操作，告知用户如何去使用产品。指示图像符号直接联系着产品功能，也是设计中允许个体解释和个人叙述最小的区域，它必须唤醒用户及其语境和体验。

3. 象征图像符号

借用某种具体事物的外在特征暗示特定的人物或事理，以表达真挚的感情和深刻的寓意，这种以物征事的修辞方式叫象征。象征是一种群体性的、传习的思维方式和交流方式。在人际交流中，人们常常是把真正的意思隐蔽起来，只说出或只显示出能代表或暗寓某种意义的表象。象征的修辞效果是：寓意深刻，能丰富人们的联想，耐人寻味，使人获得意境无穷的感觉；能给人以简练、形象的实感。根据传统习惯和一定的社会习俗，选择人们熟知的象征物作为本体，也可表达一种特定的意蕴，如红色象征喜庆、白色象征哀悼、喜鹊象征吉祥、乌鸦象征厄运、鸽子象征和平、鸳鸯象征爱情等。运用象征手法，可使抽象的概念具体化、形象化，可使复杂深刻的事理浅显而简明。象征是作为一个难以察觉的事物的代表，它存在于宗教、艺术和文学之中，也存在于自然科学、逻辑学和语言哲学之中，还存在于日常生活中的无数变量之中。象征的意义常常经由联想展开，而对其意义的阐释一直依赖于各自的脉络中。

象征图像符号与指示对象之间并没有必然与直接的联系，但它却具有约定俗成的含义（图1-13）。合理地把握象征图像符号，可以提高产品的内在蕴含和质量层次。如设计构成要素之一的产品的色彩，色彩不同，其象征意义或文化内蕴也不相同，它在人们长期的视觉经验与文化积淀中，已成为一种审美与象征并存的构成媒介与符号，它不再是一种单纯的颜色表示，更是一种具有文化意味的情感载体。再如形态，构成形态的点、线、面在完成造型的同时，也均是不同的象征图像称号，如矩形象征刚正稳健、圆形则象征丰富灵动与完满等。至于某一具体符号元素的运用，对于增加产品设计的内涵也深有作用。

图1-13 象征图像符号形式

需要指出的是，以上三种类型的符号（相似图像符号、指示图像符号、象征图像符号）并非绝对独立、互相排斥的。在现实中，一个符号可以是象征性、图像性和指示性或任何形式的联合，只不过一种类型主导着另外两个而显示出主导性，在理解上不可绝对和僵化。比如说中国国旗，它本身是一种象征图像符号，国旗的颜色和五颗星的大小、位置以及每一颗星都有着明确的象征内涵。如果在一个特定场合，如在奥运会上，五星红旗又可作为一种指示图像符号，用来指示出中国运动员或中国代表团。毕加索著名的鸽子与少女，从形式上看是一种相似图像符号，但它已被赋予了代表和平的象征性内涵，所以它又是一种象征图像符号。

1.3.4 符号的功能

产品设计过程实际上就是一种“语言”的交流过程，其主要目的是为了传达与沟通。在整个传达过程中，设计师是符号的编码者，是信息的传达者；而用户则是符号的解码者，是信息的接收者。纵观整个传达过程，符号就是信息的载体，是承载和传递信息的中介，是认识事物的一种简化手段，并表现为有意义的符码和符码系统。关于产品意义的传达过程将在后面的章节详细介绍，这里不再赘述。作为符号的产品，它需要传递出产品的指示功能、美学功能以及象征功能，如图1-14所示。

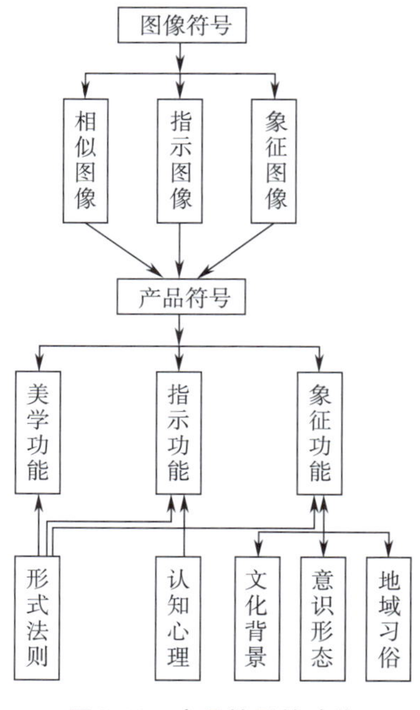

图1-14 产品符号的功能

1.4 设计符号的特性

设计符号具有符号一般意义上的多数特征。与语言符号不同，设计符号主要依靠形态、色彩和肌理来传达概念和意义，概括地讲，设计符号具备以下几点特征：

1. 任意性

从语言符号的特点看，符号的任意性是它的第一原则。对于符号形式（能指）和意义（所指）之间联系的任意性的认识，将有助于我们对符号多样性的理解。

以我们最为熟悉和典型的语言符号为例，一个词语，如“Car”，其符号形式与其包含的意义或者其指涉物之间均无必然的联系。如果在对这个词进行符号化之初，采用其他任何单词（如Bar或Far等）来命名它，我们也只能将其作为惯例和规定来接受它。在语言的使用中，符号形式（能指）常被作为其意义（所指）的指代，但在能指与所指之间并非是固有的、必然的、直接的联系。在理论上讲，这种联系是任意的，语言可以被看做是具有绝对意义性的符号。这一特性从全世界范围看，各个国家的语言都具有这种特点。其他象征性符号都具有这种任意性特征（比如数学符号等）。

2. 制度性

任何一种符号系统（特别是象征性符号）一旦符号化后，也可以说对其符号形式赋值后，它就无法任意改变了。很明显，就象征符号而言，如果按照任意性特征，人们可以任意采用自己喜欢的方式表达，那么它的交流功能就会丧失殆尽，就如同不同的语言体系给我们带来的交流上的困难一样。事实上，任何符号一旦进入历史和社会环境中后，就无法再任意地被改变。作为社会功能的一部分，每一个符号获得了特定历史背景下的具有自身内涵的约定，它需被每一个符号使用者所熟悉。符号的任意性原则不意味着社会个体可以恣意地给“赋值”后的符号形式再去附加新的意义。符号的任意性原则从来就不属于个人，而是属于社会，它依赖于社会和文化的习惯。一个符号具有价值的前提是我们集体都能够认可它。

一个杯子、一条领带、一把剪刀，日常生活中大量的事物被社会成员所共识，在此基础上，沟通方能得以实现。所以，象征符号在具有绝对任意性的同时，也需要最大程度的制度性去约束。

3. 形态表达意义的特性

无论是产品设计还是环境设计、建筑设计以及视觉传达设计，都是以一定的形态、图像来表达设计者的意图。一篇文章要靠词、句和段落组成，而设计符号则依靠点、线、面、体、色彩、结构、材质等抽象的几何形式语言表达产品的功能与意义。设计符号中的意义表达应该符合人的感官对产品形状的把握经验，向使用者传达其功能性语义。在日常生活中，我们都有类似的体验：看到一个物品时，总会从它的外形来考虑其功能和特性，与此同时，还总是联想起以前的事物并与之形成对比，从而完成对此物的理解和把握，进而明确“这是什么、有什么功用、如何使用以及意味什么、象征什么等”之类的问题。

4. 艺术性

设计符号是设计信息和观念的物质载体，与艺术符号一样，承载着人类的精神风貌、价值观念、情感理智等一切信息反馈的综合。朗格曾说道：“艺术品就是将情感呈现出来供人们欣赏的，是由情感转化成的可见的或可听的形式。它是运用符号的方式把情感转变成诉诸人的知觉的东西，而不是一种征兆性的东西或是一种诉诸推理能力的东西。艺术形式与我们的感觉、理智和情感生活所具有的动态形式是同构的形式。”值得注意的是，设计符号与艺术符号有着本质的不同，虽然形式要表现出一定的审美状态，但却是建立在对物质要素、技术因素和结构形态与环境的相关性、适宜性的基础上塑造出来的，是有限地表达人类普遍情感的一种形式（图1-15）。

5. 意义传达的局限性

将符号学引入设计领域，对于改变设计观念、思维方式以及提高设计品质起到了重要的作用。之所以引用语言学的概念说明图形语言，其与文字语言有共同之处，即两者都具有“传情达意”的作用，是传递信息的媒介，担负着将设计者头脑中抽象的思维尽量准确地传递到使用者头脑中的任务，但两者又存在着明显的差别：汉文字语言，经过了几千年的演变，经过无数次的修改进化，才由最原始的象形文字过渡到今天的汉字，它有相对固定的字、词、构词法和语法，善于表达抽象复杂的事物和逻辑关系，可依赖视觉和听觉来传播；设计符号学研究的是图形语言，缺乏语言符号系统那样具有一定的字、词、句的构成法则。如果将点、线、面、体等这些抽象形态符号作为产品语义的字和词，则会因不同地域文化习俗和不同人群的文化背景而得出不同甚至相反的意义。所以，设计符号作为一种图形语言，它在塑造和传达过程中具有一定极限和尺度的限制。

图1-15　产品符号的艺术性

任何语言都只在一定范围内被理解，只有具备有关文化背景的人才能接受到该符号所传达的信息。比如，德国招贴艺术大师冈特·兰堡（Gunter Ranbow）的作品中常出现土豆形象，对于不了解德国的人来说，可能看不懂作品所要表达的意思，只有知道土豆对于德国人的特殊意义，才能够明白设计者对土豆如此钟情的原因。

6. 独特性

符号一般强调“求同”，这样才容易被理解。但是，在设计中“求异”常常是关键。设计的创新性决定了设计符号必须具备独特性，当然，绝对意义上的独特是不存在的，推陈出新应是循序渐进的。符号是一个灵活开放的系统，它不是孤立的，而是既相互对立、互相区别又互相关联、互相制约的。符号的组合性既依赖逻辑规律和语法规则，也依靠其本身开放性、灵活性和适应性。所以，设计符号的独特性就一定有迹可循。设计师在已被接受的原有符号基础上，按照一定的规则和方法构成新的符号形式，以实现设计的新颖性和独特性。

1.5　文化与符号

“文化”是一个非常广泛的概念，给它下一个严格和精确的定义是一件非常困难的事情。自20世纪初以来，不少哲学家、社会学家、人类学家、历史学家和语言学家一直努力，试图从各自学科的角度来界定文化的概念。然而，迄今为止仍没有获得一个公认的、令人满意的定义。据统计，有关“文化”的各种不同的定义至少有二百多种。人们对“文化”一词的理解差异之大，足以说明界定“文化”概念的难度。

文化有广义与狭义之分。广义的“文化”，着眼于人类与一般动物、人类社会与自然界的本质区别，着眼于人类卓立于自然的独特的生存方式，其涵盖面非常广泛，所以又称做“大文化”。前苏联学者卡冈认为，文化是人类活动的各种方式和产品的总和。文化可划分为物质范畴和精神范畴，物质范畴指人类物质生活的外化及其痕迹，精神范畴指人类精神生活的外化及其痕迹，它包括人类的能动性形式的全部丰富内容。梁启超在《什么是文化》中称，“文化者，人类心能所开释出来之有价值的共业也。”，这“共业”包含众多领域，诸如认识的（语言、哲学、科学、教育）、规范的（道德、法律、信仰）、艺术的（文学、美术、音乐、舞蹈、戏剧）、器用的（生产工具、日用器皿以及制造它们的技术）、社会的（制度、组织、风俗习惯）等。广义的“文化”从人之所以为人的意义上立论，认为正是文化的出现“将动物的人变为创造的人、组织的人、思想的人、说话的人以及计划的人”，因而将人类社会——历史生活的全部内容统统摄入“文化”的定义域。一般来说，文化哲学、文化人类学等学科的研究工作者多持此类文化界说。

与广义“文化”相对的，是狭义的“文化”。狭义的“文化”排除人类社会历史生活中关于物质创造活动及其结果的部分，专注于精神创造活动及其结果，所以又被称做“小文化”。1871年英国文化学家泰勒在《原始文化》一书中提出，文化“乃是包括知识、信仰、艺术、道德、法律、习俗和任何人作为一名社会成员而获得的能力和习惯在内的复杂整体”，是狭义“文化”早期的经典界说。在汉语言系统中，“文化”的本义是“以文教化”，也属于“小文化”范畴。20世纪40年代初，毛泽东在论及新民主主义文化时说：“一定的文化是一定社会的政治和经济在观念形态上的反映。”这里的“文化”，也属狭义文化。《现代汉语词典》关于“文化”的释义，即“人类在社会历史发展过程中所创造的物质财富和精神财富的总和，特指精神财富”，当属狭义文化。一般而言，凡涉及精神创造领域的文化现象，均属狭义文化。

人类所有造物活动与精神文化生活都是符号活动的产物，都是一种赋予与诠释意义的过程。从某种意义上说，文化是由符号构成，人的本质就表现在他能利用符号去创造文化。而人所创造的一切文化都可以看成是不同的符号形式或符号体系。每种艺术或设计都是构成艺术的感性因素与精神意义因素相结合的特定的符号体系。设计通过选择“不同的符号形式”表达理念，传承文化与精神。有人也将设计称为“文化的肌肤”，不同的文化含有不同的精神风习、文化心理结构和文化心理逻辑。我们常常在面对一件艺术作品而被他某种隐藏在背后的东西引发出一种难以名状的感动和情绪时，这种艺术形式便对我们产生了意味，即所谓的“有意味的形式”。以历史悠久的建筑为例，人类建筑发展史上不同艺术主题中的文化思想，往往都会蕴含着某种风格，这种风格包含在它的艺术表达所构成的特定的符号体系中（图1-16）。黑格尔说“建筑是用建筑材料造成的一种象征性的符号”。设计会选择相对应的符号形式来传递信息。因此对符号的认知便成为大众对设计进行审美与体验文化的一种重要手段。一个成功的设计也是一件艺术品，走进经过精致设计的，包含文化意蕴的室内环境也会令人产生一种激动和隽永的回味。

图1-16　德国克隆大教堂与法国卢浮宫博物馆

无论是艺术品或是产品，都是作为某种总体文化的一个有机构成部分而存在的，是在同种文化的其他构成部分如政治、经济、军事、宗教、伦理等的相互关系中才能确定其价值。设计的理念中一定要有文化的内涵，因为它要满足给人以精神享受的追求，这样设计中对文化的诠释与创造就成为评判设计好坏的一个重要准则。设计和它的符号都作为一种文化的载体物化手段，不断创造丰富文化的同时也被文化所创造发展。

从文化性层面研究产品设计领域的符号性应作为一个有机结构体，包含了逻辑、因果的物质层面和精神层面。其核心在于对各种人群生活方式的区别与理解，通常分为：第一，形而上层次：价值观与语言文化；第二，形而中层次：人群相处与沟通互动的制度文化；第三，形而下层次：人所使用的器物与具体可见的形式文化。通过这三个层次的相互指引辩证使得各种人群的生活方式显现出各自不同的特色。可以看到，形而下文化（器物文化）一方面受到形而中文化（生活文化）的约制与指导，另一方面要有形而下文化才可能提炼出形而中文化。同样道理，形而中文化（生活文化）方面受到形而上文化（精神文化）的约制与指导，还要有形而中文化才可能提炼出形而上文化。这表明，设计知识是不可能脱离设计技术而移植的，作为意义寻找与表现系统的产品符号化过程，也就不可能脱离它所处的文化背景来实现。这种自下而上的文化性实际上就是产品符号化的过程。而这种人造符号正是文化在时间与空间中传递的媒介，人类正是如此不断地以符号活动的方式创造发展着文化。从符号学角度审视设计过程，可以理解为：第一，从符号学与设计学角度，如何在特定的文化背景中提取符码；第二，先从符号学角度如何提取在特定文化中符码的运用规则，再从设计学的角度转化这些规则作为设计操作规则，即设计方法。

产品作为文化产物，其背后隐含着人类的文化心理与文化精神。因此，设计者在设计产品时，其实就有意识或无意识地把自己的文化符码引入到设计过程中，并引导着使用者的感知和意象。同样，使用者在使用产品时，无论与设计者预期的合乎与否，他们也用自己的文化价值观对产品做出解读。所以，产品本身包含除物质功能以外的诸多非物质信息，以帮助确立其功能、外观、应用以及意义等，而这些都是从相应的文化习俗中转化而来。所以说，设计就是一种文化活动，也是一种创造符号的过程。

如果将文化视做一个球体，姑且作一个划分：在其最表层则属于器物文化层，然后依次为语言、艺术文化层以及制度文化层和价值观层（图1-17）。几个层面相互联系、互为因果。最表层的器物文化层相对核心层（价值观层）而言，具有活跃和不稳定性。当不同的文化相遇时，最先发生变化的是器物文化层。在文化球体的各个层面是由符号构成的“网”所包围着。

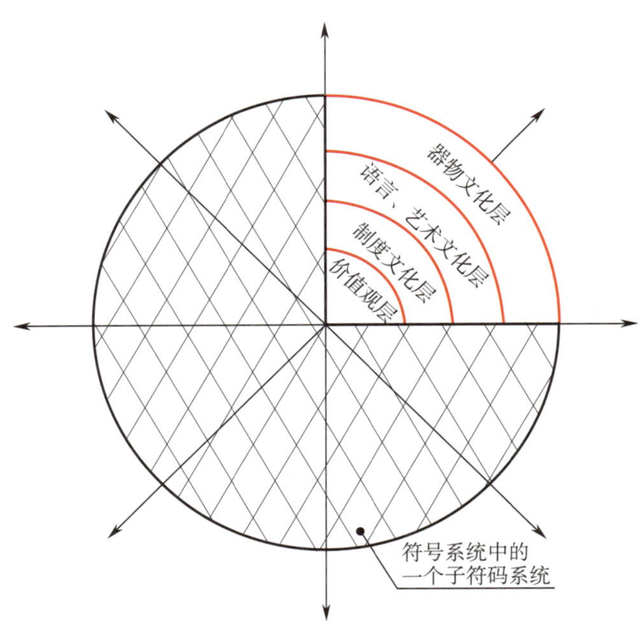

图1-17 符号与文化的关系

图1-18　北京奥运会火炬设计中的文化内涵

虽然北京奥运会已经过去了，但我们从北京奥运会火炬的设计中仍能深刻感受到那强烈的中国文化精髓，体现了中国文化符号与奥运精神的完美融合（图1-18）。北京奥运会火炬创意灵感来自“渊源共生，和谐共融”的“祥云”图案。祥云的文化概念在中国具有上千年的时间跨度，是具有代表性的中国文化符号。火炬造型的设计灵感来自中国传统的纸卷轴。纸是中国四大发明之一，通过丝绸之路传到西方。人类文明随着纸的出现得以传播。源于汉代的漆红色在火炬上的运用，使之明显区别于往届奥运会火炬设计，红银对比的色彩产生醒目的视觉效果，有利于各种形式的媒体传播。火炬上下比例均匀分割，祥云图案和立体浮雕式的工艺设计使整个火炬高雅华丽、内涵厚重。

图1-19　公共设施设计

“琴、棋、书、画”是中国古代文人追求的一种素养和境界，它可以修身养性，使人品格高雅。当友人相聚时，以棋会友，纹枰论道。围棋起源于中国，设计师在公共设施的设计中，选择了“围棋”这一中国传统的文化符号，在充分考虑到公共空间下人的行为方式前提下，对围棋的形态进行了提炼与塑造，以满足功能之需。在黑白色调的对比下，人们聚在一起，谈天说地，或坐、或靠、或躺，营造出一种轻松自然的环境氛围。仿佛人们又听到那清脆的落子声和置身于田园般的世外桃源。产品形态简约、时尚，又散发出浓浓的文化气息（图1-19）。

图1-20　计时器设计

现代都市人们的生活忙碌而又繁重，人们为了生活而与时间赛跑。设计师选择了人们生活中熟悉的“飞机、汽车与人”作为计时器的指针符号，形象地表达出现代人的生活节奏和生活状态（图1-20）。设计师由计时器“动态”的基本要素而联想到人们每天出行所使用的交通工具，秒、分、时针的运行速度与选择的符号元素结合准确，与人们的习惯吻合一致。由于借用了符号，使计时器充满情趣而富有内涵。

Mixco的一位成员来自日本，她希望将日本的传统文化元素与西餐文化融合在一起，于是借用了日本妇女的传统服装的符号元素，专门为红酒瓶制作了“Kimono”和服外套（图1-21）。

设计者从中国明代家具的符号元素和传统漆艺制作工艺中吸取创作灵感，使产品在简约、现代的形式中，透露出特有的东方韵味与视觉美感（图1-22）。（设计：高力群、张楠、王军）

图1-21　红酒包装

图1-22　坐具设计

图1-23是名为“点亮”的一个灯具设计作品。开灯、关灯是人们每天生活和工作中常做的一个动作。对于照明工具的开启方式，设计师借用了那古老的“火柴”与“油灯”的符号元素，当“火柴”触碰到灯体时，电路接通，电灯被“点亮”了，一种遥远、温馨而怀旧的思绪也被点燃了……（设计：高力群、张楠）

从图1-18～图1-23五个例子不难发现，在满足产品物质功能的基础上，借助相关联的符号，可以使产品具有新的意义与内涵。而借用的这些符号，无论是传统的或是现代的，只要与产品的特质与属性相吻合，产品就会给人带来除了物质层面之外的精神满足。从符号学的角度看，我们可利用或者说可展开的思维之“网”是多么的广阔。

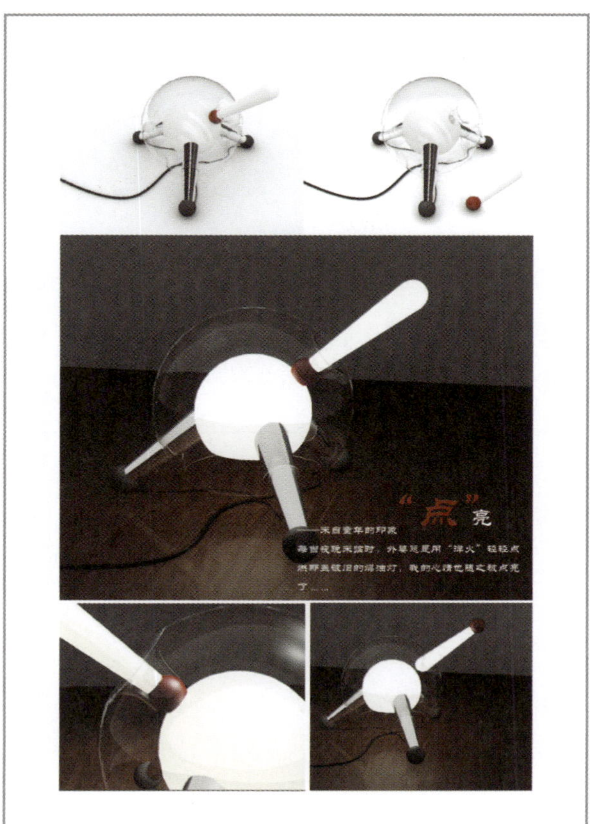

图1-23　灯具设计

第2章 产品语义学概述

本章对产品语义学的产生背景进行了阐述，介绍了影响其发展的理论因素，指出了产品语义学研究的方法和意义，使产品具有“自明性”和深层的意味是产品语义学研究的重要层面。同时，要认识到现代主义及后现代主义在设计观念进程上的积极意义和区别。产品语义学是符号学的一个组成部分，正确理解语义学和符号学的关系是本章学习非常重要的一个方面。

本章关键词：产品语义学，自明性，现代主义，后现代主义，功能

2.1　产品语义学的概念

语义（Semantic）的原意是指语言的意义，而语义学（Semantics）则为研究语言意义的学科。设计界将语言的构想运用到产品设计上，因而有了产品语义学（Product Semantics）这一术语的产生。这一概念正式出现于1983年，由美国宾夕法尼亚大学教授克劳斯・克利本道夫（Klaus Krippendorff）和俄亥俄州立大学教授莱因哈特・布特（Reinhart Butter）夫妇提出，并在美国克兰布鲁克艺术学院由美国工业设计师协会（IDSA）举办的“产品语义学研讨会”被明确提出，并予以定义：“所谓产品语义是研究人造物在使用环境中的象征特性，并将其知识应用于工业设计上。这不仅指物理性、心理性的功能，而且也包含心理、社会和文化语境，我们将之称为符号环境。”他们认为产品语义学是对旧有事物的新觉醒，产品不仅要具备物理机能，还应该能够向使用者揭示或暗示出如何操作使用，同时产品应该具有象征意义，能够构成人们生活当中的象征环境。产品语义学打破了传统设计理论，将人的因素都归入人机工程学的简单做法，突破了传统人机工程学仅对人的物理及生理机能的考虑，将设计因素深入至人的心理、精神因素。

产品语义学是研究产品语言的意义的学问，是借用了语言学的概念和方法，在符号学的理论基础上发展起来的。在语言学中，语义学研究的对象是文字语言，而产品语义学的主要研究对象是视觉图形、图像与形态。它强调的是一种人与物之间的非语言方式交流，通过产品的材料、形态、结构、色彩、质感等视觉语言向使用者揭示或暗示产品的内部结构，使产品功能明确化，使人机界面单纯、易于理解，从而解除使用者对于产品操作上的困惑，以更加明确的视觉形象和更具象征意义的形态设计传达给使用者更多的文化内涵，从而达到人、机、环境的和谐统一。随着社会发展与进步、物质的极大丰富、消费层次进一步细化，人们对产品的精神功能需求不断提高，产品造型除表达其功能性目的以外，还要透过其语义特征来传达产品的文化内涵，体现特定的时代感和价值取向。

2.2　产品语义学的缘起与发展

产品语义学是在设计符号学理论上发展而来的，最远可追溯至20世纪50年代芝加哥新包豪斯学校查理斯（ Charles ）与莫里斯（ Morries ）的记号论。产品语义学的出现是设计方法论的一次重大变革，具有深远的历史意义。

2.2.1　产品语义学的产生

产品语义学是20世纪80年代工业设计领域兴起的一种设计思潮，通过世界各地的设计师和学者的推动成为遍及全世界的一种潮流，给现代的工业设计带来了新的灵感。产品语义学正越来越受到世界性的关注，引发了人们浓厚的兴趣。其形成并非偶然，以下仅从生产技术、消费阶层、环境与文化等几个方面加以论述。

1. 生产技术的高速发展

第二次世界大战后，欧洲经济受到沉重打击，工业设计几乎停顿。美国通过马歇尔计划等方式扶植欧洲的经济，使欧洲在20世纪50年代开始慢慢恢复到了战前的活力，到60年代便进入到战后发展的全盛时期。被称为第三次浪潮的“计算机时代”的到来，新材料、新能源、新技术的出现，极大地改变了传统工业的面貌，工作效率得到了空前提高。与此同时，核电、超导、高分子合成、生物工程、人工气候、海水淡化、宇宙穿梭飞行……随着机械时代向电子时代转变，电子技术使产品向微型化、集成电路化发展，大量采用新一代大规模集成电路芯片的电子产品相继涌现。工业产品原有的形态与功能的联系受到削弱，电子产品的外部形态不像传统机械产品那样能明确表达内部结构和功能特征，出现了操作上的“黑箱化”和“均一化”现象（图2-1）。

图2-1　微电子技术带来的产品操控“黑箱化”

电子等高新技术给产品设计造成的另一结果，就是为自由造型提供了现实的可能性，借助计算机技术可以使用同一台机器方便地生产出不同外形的产品。当今先进的技术手段使设计师可以较为方便地将创造出的产品付诸于机器化的批量生产，而原来的大批量生产转变为多品种小批量生产。技术的发展使各企业生产的产品在功能、性能上差距大大缩小，利用外观上的差异进行市场竞争、增加产品的附加值逐渐成为重要的手段之一（图2-2）。同时也使现代主义设计的另一信条——“形式跟随功能”变得不再是绝对的法则。

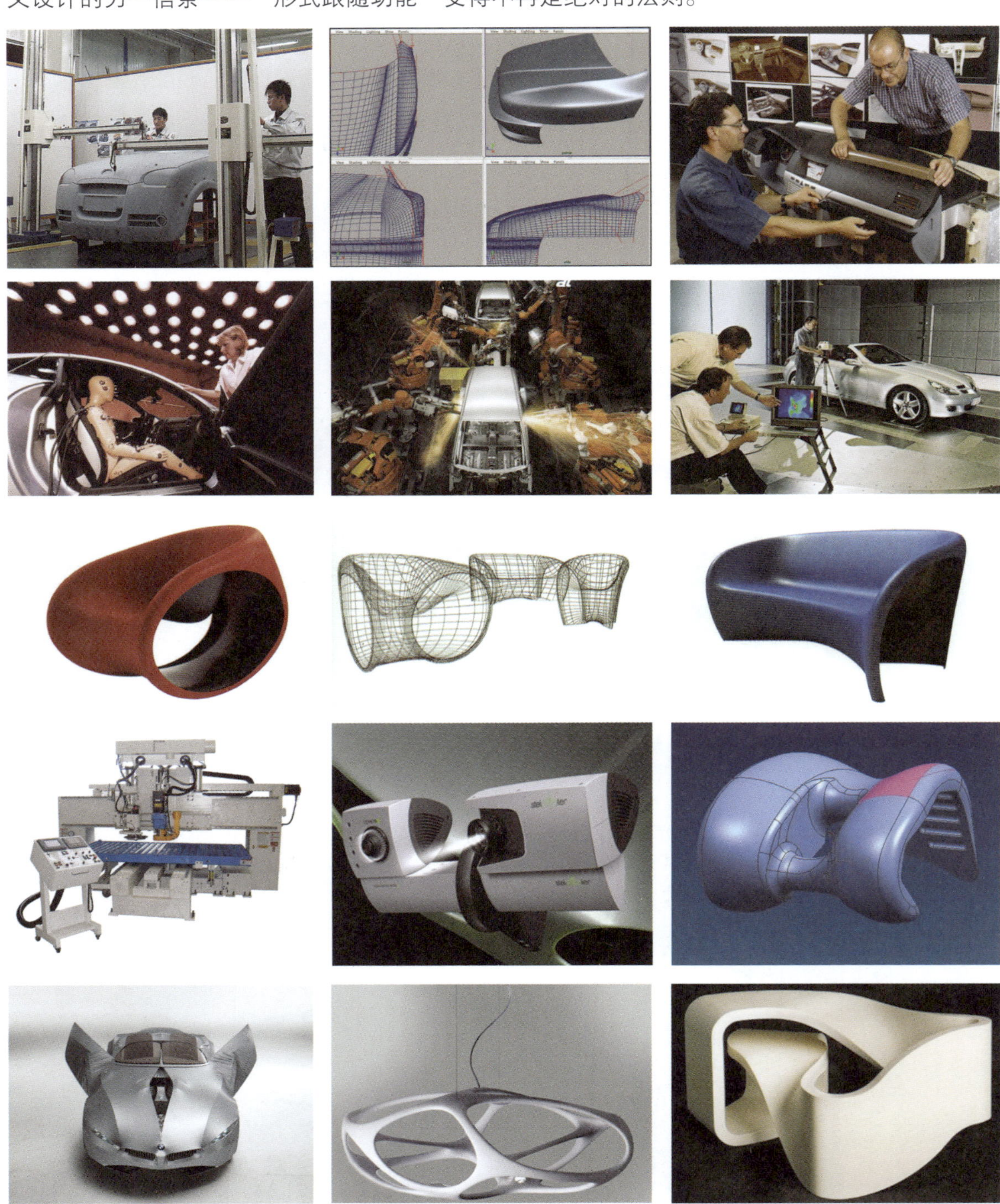

图2-2　加工技术手段的进步使设计师的想象力得以拓展

2. 消费动机的多元化

第二次世界大战后人类经过10年的复兴，欧洲各国的经济都取得了较大发展。从收入额分析，一个被称为“中产阶级（包括白领阶级成员、知识分子、部分小企业主、农业工人等）”的新社会阶层日益扩大，成为西方社会消费者的中坚力量，他们的消费意向在很大程度上决定了工业设计的方向。这批人对自己的起居环境、生活水平、消费习惯等有了全新的要求和态度，与战前相比几乎全然不同。战时受到沉重打击与摧残的制造业与零售业到20世纪50年代中期已基本得到了恢复和发展，西方经济学者称这个时期的西方社会已进入了真正的消费时代。另外，“战后婴儿”到20世纪60年代中后期已开始成长为青年，他们从数量上改变了消费者的结构，成为数量最大的消费阶层。他们的需求和口味比他们的父母更为现代化，追求变化与新鲜，讲究实用，渴望拥有文化意味、艺术情趣的后工业产品。由于20世纪60年代太空技术的迅速发展，（1968年美国人成功登月标志着人类太空探索已达到登峰造极的程度）造成世界各国对于宇宙技术的狂热喜爱和追逐。人们认为生活在一个史无前例的高技术、高消费的天堂之中。根据美国心理学家马斯洛的需求理论，当人们解决了温饱等基本生理需求的前提下，对精神层面的需求必然加剧。图2-3形象地说明了人们对物质层面到精神层面两个阶段的需求程度。

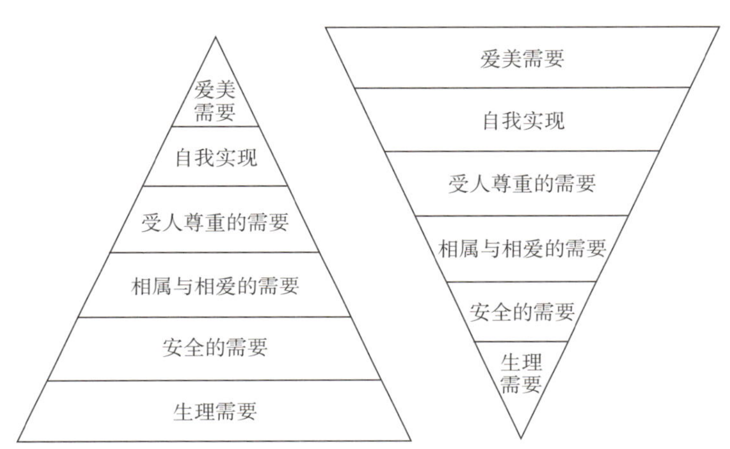

图2-3　物质生活水平的提高使人们对精神层面的需求加剧

“用完即抛”的消费主义成为西方消费的主要方式与行为，特别是经过20世纪60年代这个所谓“塑料时代”的发展，各种塑料（如聚乙烯、聚氯乙烯、聚丙烯等）开始被广泛地应用在各种不同的工业产品上，如电话机、电视机等家庭日用品和办公用品及汽车等机械部件，以及各种包装、容器。产品的制作成本更为低廉，极大地刺激了消费者的购买欲，从前的奢侈品在这时变成了用过即抛的东西。这一消费趋向意味着消费者或者说市场对产品的期望与此前（特别是第二次世界大战后初期）相比发生了根本性的改变，而工业产品的功能、结构也因此产生了根本的改变。现代主义设计提倡的一系列设计原则——从产品性能的可靠性与经久耐用到产品样式的稳健和单一都显得不再合乎时宜，物理机能显然已不能满足人们的需要。“形式跟随功能”不再是造型必然的法则。

3. 环境危机与造型失落

20世纪60年代中期史无前例的高技术、高消费的消费主义观念使许多地方广泛流行所谓的“一次性产品”，包装和结构被大量浪费，结果引发了环境公害。而此时化学工业的迅速发展，出现了许多新型的高分子聚合材料，“塑料时代”所带来的垃圾和污染，造成了自然和生命的危机。玻璃幕墙、钢骨家具、减少主义成了国际主义风格的核心内容，原来与传统、自然融为一体的都市环境变成了玻璃与钢筋混凝土的森林，恶化了人类生活环境，破坏了传统美学原则。

人们不得不面对“人类这种生命体也是自然的一部分”的事实，促使人类开始考虑许多严峻的新课题，如：生态学上人与自然的共生、石化资源无节制地开采、第三世界的环境危机、白色产品的泛滥、温室效应等。人们在充斥着机器仪表的环境里工作，回到家中又面对各种形态和色彩单一的充满按钮、仪表的家用电器，导致了人机界面的新问题。这时，产品的“环境机能”与“对话机能”开始受到人们的重视。人们对产品的需求不仅体现在满足其生理方面，而且要进一步满足心理性、社会性、文化性与环境方面的象征价值。

现代物质生活水平的提高、生活节奏的加快、心理负担加重，带来了人们相互间交流的日益淡漠。人们渴望在日常生活中接触产品时能填补现代文明所带来的心理上的孤寂和落寞，促使在工业设计的精神功能方面（包括美学功能、象征功能、教育功能等诸多功能因素）的需求日益增强，要求产品差别化、多样化、个性化，满足心理性的要求，由此出现了追求象征价值的“符号消费”现象。而这种情感和人性平衡的实现，作为与人类生活息息相关的设计是责无旁贷的。

4. 设计文化的探求

在现代主义设计的发展过程中，几门新兴学科得到了前所未有的重视和发展，如人机工程学、材料力学、设计生态学、环境心理学、市场学、销售学等。工业设计在功能、结构方面的一系列方法、程序和研究，已经基本上为人们所熟知，理性的合理要求已达到前所未有的高度和极限，迫使人们在设计上寻找新的表现语言和观念。

随着现代主义设计越过大西洋在美国登陆，从而逐渐形成了轰轰烈烈的“国际主义”风格，“功能第一”、“结构第一”的设计观念造成几何化风格在全世界迅速流行，产品设计趋于单调、简单、冷漠、严谨而缺乏人情味，原来变化多端、多种多样的各国设计风格被单一的国际现代主义风格取而代之（图2-4），各个地域的民族设计文化和审美特点、个性风格遭到了轻视和抛弃，使用者的心理需求被漠视。因此，设计文化再次引起讨论和国际性的关注。

图2-4 国际现代主义风格的建筑与产品

2.2.2 产品语义学的理论构架

产品语义学最初来源于符号学理论。符号学是19世纪由语言学发展而来，在符号学的定义中，认为社会之中的每一个人随时随地都在进行着语言与非语言的沟通行为，社会中一直进行着传播意义与意识形态的沟通。它是交流的一种理论方法，它的目的是建立广泛的可应用的交流规则。

产品语义学是设计学与符号学具体结合的产物，是产品进入后现代提出的一个新的概念和视角。产品语义学的出现，是设计从现代主义单一的国际风格向后现代主义多元化风格演变的时期，也是设计理论走向扩展和成熟的必然表现。产品语义学强调产品语言的编码（语构）和解码（语用）及其关系，使高科技、高技术化时代具有复杂技术内涵的产品始终保持其解码和操作的易用性和大众化。产品语义学强调产品符号除了实用功能意义以外，还有必然的人性内涵，即重视产品对使用者产生的文化、精神和心理的影响，这些影响使产品具有超越实用功能的附加价值，而这些附加价值是通过产品的审美和象征性得以体现。设计者需要针对使用者的不同文化背景、精神和心理需求进行设计，通过意指、寓意、隐喻等语言学中的修辞手法进行编码设计。因此，设计的形态必将呈现多元化，符合丰富、多层次的人性要求。

语义学与符号学之间的关系很复杂，但对产品设计而言，一般以索绪尔的符号学为出发点，以“能指-所指”的理论为基础来探讨产品设计。概括地讲，产品符号学包括：产品语用学、产品语义学和产品语构学（图2-5）。需要指出的是，符号学是作为一个外部理论而引入产品设计的，即符号学并非设计的基础理论。在研究产品语义学和产品符号学时不能过分依赖符号学的理论，将产品设计理论与之一一对应，而是要从产品设计自身出发，把符号学理论作为理论背景或者思考方式来看待。

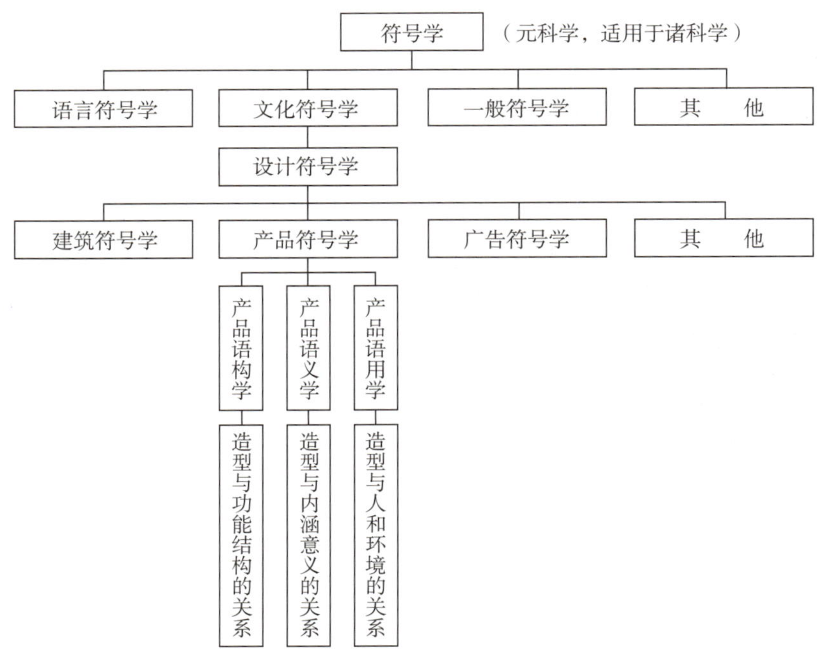

图2-5　符号学的基本构架

产品语义学是研究产品形态和意义之间的关系。对意义的把握可以是直觉的，也可以是经验或思考的结果，可唤起共鸣、情感的激发，也可引起人们的行为反应。实质上就是通过综合产品的形态、色彩、材料等视觉要素，把复杂的技术、操作方式、内在的文化内涵等因素变成实体形态，使用者通过这一形态来实现与产品的沟通与交流。产品语义学也可以说是研究如何能够使得产品的“自明性”更加明确和有效。产品的符号语言主要体现在其外在形态上，形态是产品有机整体的一个重要组成部分。它提供了使用、评价等活动的对象和起点，也是设计需要提供的最终成果形式，所以形态是设计者和理论家们关注的焦点。需要注意的是，产品语义学所研究的并非仅是具体形态的形式本身，更主要的是研究设计物的形态在使用环境中的内涵与意义。

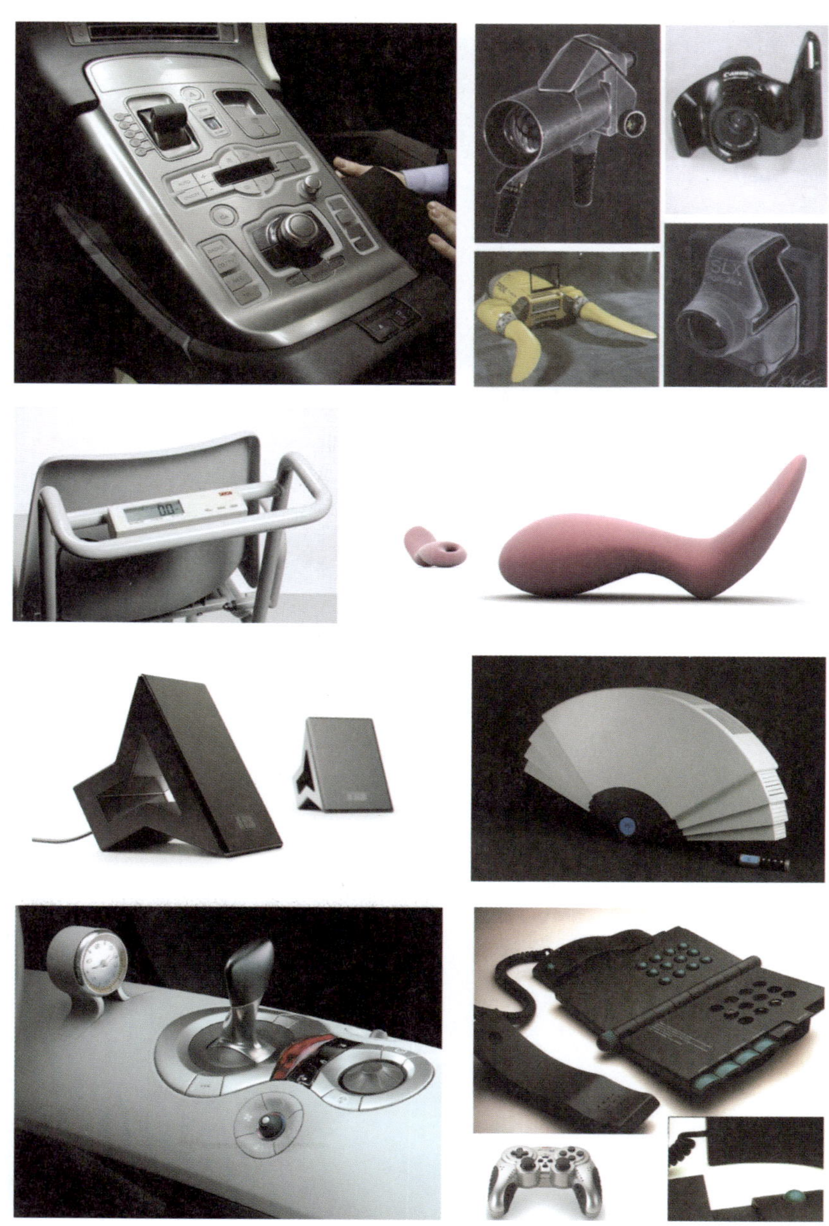

图2-6 通过形态使产品具有“自明性”

2.2.3 产品语义学研究的目的

产品语义学的出现使我们从新的角度重新审视设计，重新认识产品的功能与形式的关系。它可以从思维和设计手段上带来新的思路和方式。概括地讲，它要解决产品设计中三个方面的问题。

1. 使产品具有“自明性”

让产品自己“讲话”即是产品的“自明性”。通过产品的形状、颜色、材质传达出它的功能用途，使用户能够通过外形很容易辨识出这个产品是何物，具有何种具体功能，有什么要注意的，如何操作等。产品语义学从用户的角度出发，从人的认知习惯、日常生活经验出发，建立恰当而有效的语义认知模型，从而设计出易于理解、操作方便的人机交互界面。一个好的设计，就是不需要过多的文字说明，能够让用户根据产品的形式语言（形状、色彩、质感等）来理解产品，正确而方便地操作产品（图2-6）。

2. 使产品更具有个性化

现代主义的设计思想只是单纯注重了形式追随功能，强调物质功能至上，使产品千篇一律，缺乏个性和情趣。随着时代发展，人们的需求和消费观念发生了巨大的改变，由注重物质性消费转入注重体现精神与象征性的个性化消费。从另一个层面看，随着市场竞争的日益加剧，产品的物质功能已趋于同质化，产品的个性化也是企业提高竞争力和增加产品附加值的一个重要手段。产品语义学以语义象征的方式赋予产品情感、时尚和品牌等因素，使产品的独特魅力得以充分体现，从而得到消费者的青睐与认同，激发消费者的购买欲望（图2-7）。

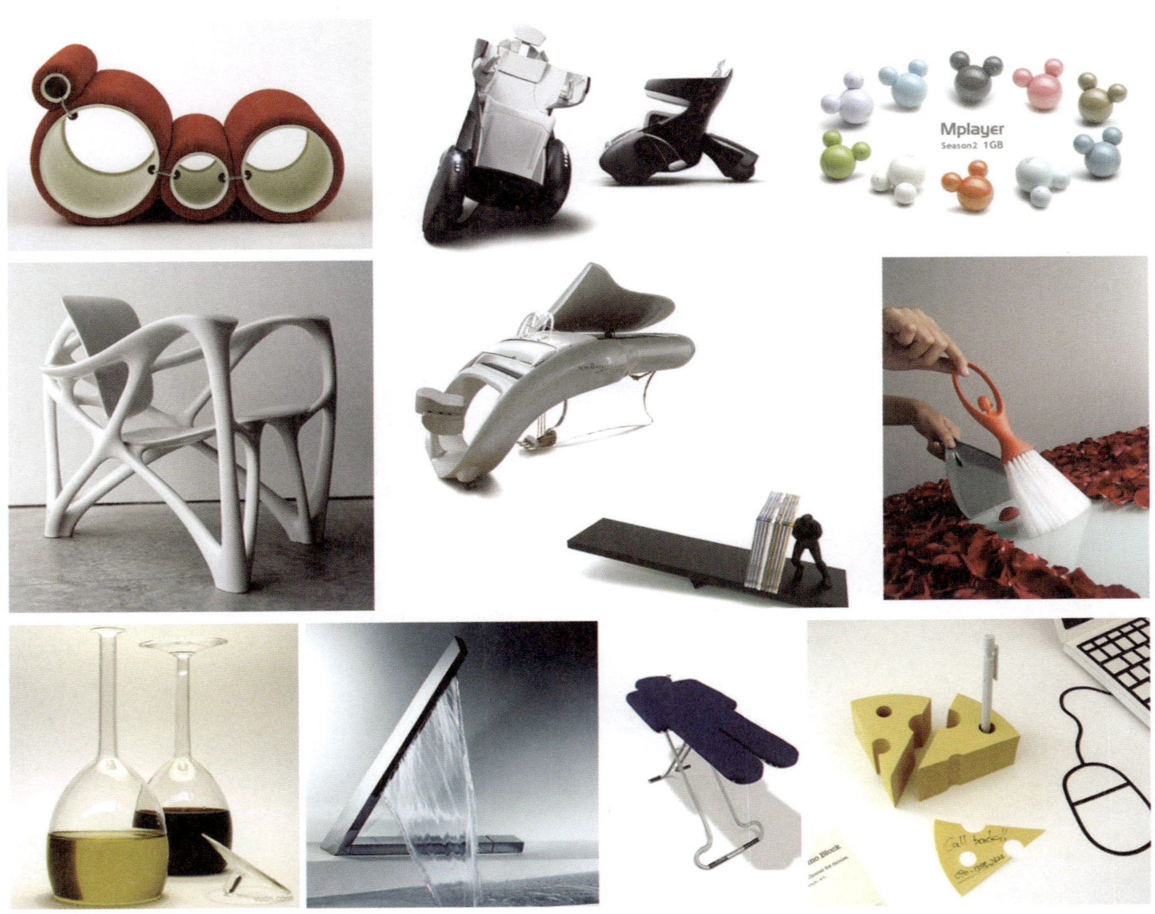

图2-7　产品个性化是提高其附加值的一个重要途径

3. 赋予产品以意味

很显然，使消费者辨识出产品为何物，用来做什么，如何操作等，只是满足了产品物质功能层面。如果产品能够传达出一种意味和象征性，能够唤起消费者的一种愉悦的精神体验则是产品设计的最高境界。所以，优秀的设计作品应当使产品除了扮演其固有角色，以实现其物质功能之外，还承担着传达心理性、社会性、文化性价值的象征角色的重任。产品作为文化与科技的结晶，不仅体现出设计对人的关怀，还应体现出产品的历史、文化和心理的脉络（图2-8）。

图2-8 产品形态所体现出的文化象征意味

在当今科技飞速发展、产品日益多样化的状况下，与以往传统产品的直接、简明特点相比，现代产品的操作与使用变得越来越不透明。产品的微型化和科技含量的提高，再加上更新换代的频率不断加快，使得使用者对以往产品长期积累下来的认知与理解习惯变得越来越缺乏稳定性和可靠性。使用者的被动性认知负担变得日益沉重并产生认知混乱，使用产品过程中困惑和挫折感增加，尤其对于老人和孩子等弱势群体而言，这样的状况愈发显得缺乏合理性和人性化。所以，产品语义学研究的一个主要目的还在于，通过设计师的努力简化和方便使用者的认知过程，借助使用者长期积累下来的产品认知习惯和经验进行新产品的语义设计，让使用者在人机交流过程中摆脱被动的地位，并使他们在心理和精神上得到更加丰富的体验与感受。语义性产品与传统产品的区别见表2-1。

表2-1 语义性产品与传统产品的区别

	传统产品	语义性产品
意义属性	物质	物质+精神
理解程度	陌生	熟悉
借助方式	学习和适应	习惯和经验
使用者地位	被动	主动

2.3 影响产品语义理论的诸多新观念

作为处于后现代语境下的诸多设计思潮中的一种，产品语义学不可避免地与其他同时期的设计理论流派，尤其是后现代主义设计有着千丝万缕的联系。尽管现代主义设计在第二次世界大战后得到充分发展而成为国际主义，并逐渐取代过去变化多端、多种多样的各国设计风格，占据战后世界设计风格的主导地位，人们却越来越不再满足于这种单一化的设计风格，不满和抱怨的声音越来越大，逐渐成为一场声势浩大的“后现代主义”设计运动。各种以改变国际主义设计的单调形式为中心的所谓“后现代主义”风格纷纷登场，以各种形式向现代主义挑战，设计上的“后现代”时期也自此拉开帷幕。

后现代主义，这一概念的判定，主要的矛头针对的是现代主义、国际主义。从意识形态上看，现代主义设计追求设计的高度民主化和设计的社会工程性，具有民主主义倾向和社会主义色彩、乌托邦色彩，是一种理想主义的探索，他们致力于一种非个人的、能够以工业化方式批量生产的、代表工业社会特征的新设计，具有形式简单，反装饰性，强调功能，高度理性化、系统化的特点。而发展到后期的国际主义设计风格，意识形态上已经面目全非，只剩下减少主义、“少则多”的形式外壳，变成了为形式而形式的形式主义追求。设计上的后现代主义从意识形态上看，是对现代主义、国际主义设计的一种装饰性的发展，其中心是反对米斯•凡德洛的“少则多”减少主义风格，主张以装饰手法来达到视觉上的丰富，提倡满足心理要求，而不仅仅是单调的功能主义中心。设计上的后现代主义大量采用各种历史的装饰，加以折中的处理，打破了国际主义多年来的垄断，开创了新装饰主义的新阶段。当代颇具影响的曼菲斯（Memphis）则认为设计应当作为一种指示符号系统、一种感情的催化剂、一种文化阶级的表现能力；换言之，产品就是一种沟通工具。其代表人物意大利设计师埃托•索特萨斯（Ettore Sottsass，1917—2007，图2-9）指出：

图2-9 后现代主义著名代表人物之一：埃托•索特萨斯及其部分作品

“当你想定义任何东西时，功能早已从你手指间逃脱，因为功能就是生活（生命）本身，功能并非多一点节俭或少分配一点就可成就，功能是物与生活相互关系的最终可能性。物的单独存在是无意义的，唯有物进入人的生活或被人所使用时，物的意义方可体现出来。”

在产品设计界的“后现代”时期，种种新观念也层出不穷。这其中，产品语义学作为随后现代主义出现的一种设计理论，相同的背景因素决定了它们相通的核心精神，它们在对待以下几个方面的问题中也表现出了相当大的共通性：

第一，对人性需求的关注。

第二，对历史记忆、文化内涵的呼唤。

第三，对符号“语义”的运用。

第四，对设计视野的突破。

从以上几个方面可以看出，处在后现代语境中的产品语义学，与后现代主义设计观和当代先锋设计观具有相通的核心精神，都表达了对现代主义“工具理性”设计法则及产品单调表现形式的批判和反思。设计在新时代具有了新的重要意义，正因为设计牵扯到每个人的日常生活、思想观念、行为方式等，所以，人们对设计提出了更高的要求，旧的设计法则和观念必须改变以迎合新的潮流和需求。

2.4 产品语义学与现代主义及后现代主义的关系

对于现代主义设计，人们有两种认识：在时间上，现代主义设计是指20世纪20~60年代的主流设计；在设计理念上，现代主义设计是指遵循理性主义设计思想的设计。坚持理性主义的现代主义设计，在创作过程中执行的是功能主义设计原则。“现代主义对理性的崇拜，表现在技术领域最突出的特点就是对‘功能-结构’的合理性和逻辑性的崇拜。”

我们一直说，设计是在改善工业大生产时期产品造型的背景中产生的。如果把它和同一性规范联系起来，我们可以说，设计是人们抵御现代科技强制摆在人们面前的无生机的同一性规范，而掀起的一场旨在弘扬人文精神（具体涉及审美）的运动，也就是说设计的诞生是为了弘扬人文文化。而现代主义不加辨别的追求定量范式的设计理论不但不能知道艺术设计实践活动，反而违背了该学科的本质。它将设计变成了一种技术性的操作。在设计过程中，它向设计师传递了这样的信息：只要遵循着某种模式或一系列程序，就可以完成设计。但是，我们如何向设计师解释“创意”呢？我们如何使设计师相信艺术设计的生命在于创新呢？

一旦对定量范式的考虑成为设计的主题，那么，设计就改变自身的属性，变成了工程制作。而在任何工作中，“技术化时常导致完全在技术的思想中迷失自己……”这种迷失终究会使设计师在设计过程中陷入困境。现在，很多人认为将设计的表现形式简化为一切确定的、等价值的东西（即定量）是更科学的。在设计过程中，他们常常不去思考那些表现形式的来源，就以“科学的”态度归纳、演绎艺术设计作品的表现形式，将它们加以形式化，变成可以随时组合的“机械构件”。那些由艺术家和设计师创造的具有内涵的表现形式被当成纯粹的“美的范式”。“有意味的形式”在此成为可以脱离意味基础，而独自焕发“纯粹美”的光芒的点、线、面等“构件”。他们套用前人的表现形式就像使用公式一样毫不迟疑。设计创作成了作“八股文”。

“功能主义”术语是1923年意大利建筑师萨托里斯提出的。但功能主义的原则——“形式追随功能”是美国建筑师沙利文1896年提出的。沙利文认为设计的真正原则是形式和功能的相互关系。“自然界中每个物都有形式，换言之，都有自己的外部特征。外部特征向我们指明这个物是什么，它同我们和其他物的区别何在”，“无论何地，无论何时，形式都遵循功能——规律就是这样。功能不变，形式也不变”。沙利文的观点，后来成为20世纪后半叶现代主义设计主要的设计思维——功能主义的主要依据。德国艺术工业同盟的领袖姆特修斯在《英国住宅》中写道：“我们想在机械产品中看到的，是平滑的形式，简化到只剩下了最基本的功能。”（图2-10～图2-12）。

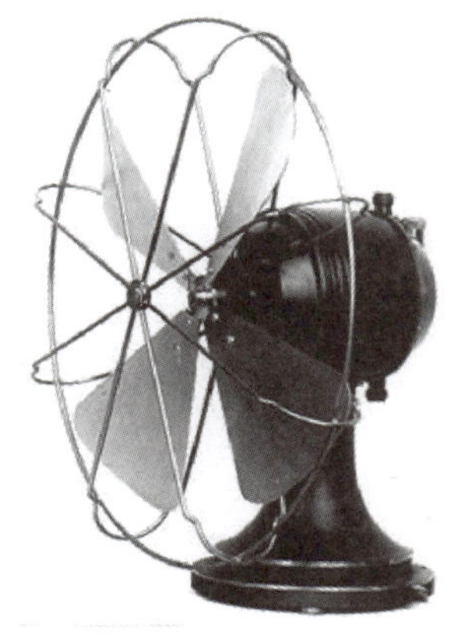

图2-10　Peter Behrens设计的台式电风扇，由A.E.G于1908年引进

图2-11　通用电气公司于1905年出品的第一台烤面包机

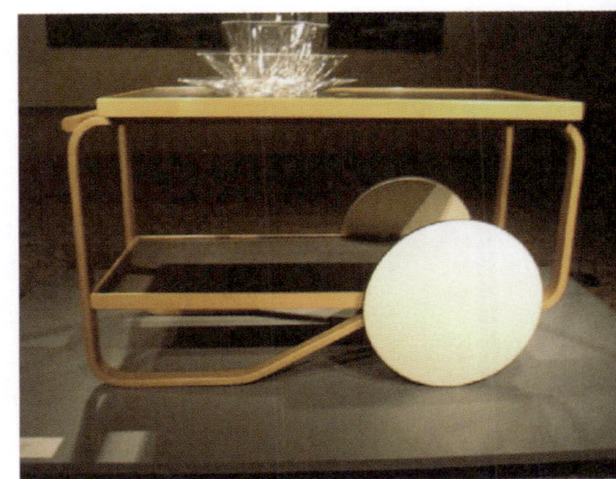

图2-12　芬兰设计师阿尔瓦·阿尔托（Alvar Aalto，1898—1976）设计的手推茶几

设计注重功能以便发挥产品的效用，这样做无可厚非。但是，功能只是产品与世界发生诸多关系中的一种。以一种关系取代产品和生活中的所有显现的和潜在的关系网，其结果就导致产品处于单一、僵化的状态，这种状态被人们美誉为“普遍性”。胡塞尔和海德格尔都认为，普遍性终将导致形式化。

后现代主义是旨在反抗现代主义纯而又纯的方法论的一场运动，它广泛地体现于文学、哲学、批评理论、建筑及设计领域。1953年，赖特对“形式追随功能”以及密斯的功能主义设计思想“少就是多”的说法提出批评：“这是一个用滥了的口号……与语法与诗歌的关系相似，骨架也并非是最后的人形，功能与建筑的关系也同样是这样，炫耀‘骨架’并不是建筑，‘少就是多’只是在‘多’做得差的地方才成立。……只要诗一般的想象力与功能相配合而不毁坏它，形式就可以超越功能。因此，‘形式追随功能’在精神上就不再有意义了，已成了一种陈词滥调……现在它是通过国际式贫乏枯燥的关隘的口令。”

所谓的“后现代”并不是指时间上处于“现代主义”之后，而是针对艺术风格的发展演变而言的。后现代主义首先影响于建筑界而后迅速波及到其他设计领域。施特恩把后现代主义的主要特征归结为三点，即文脉主义、隐喻主义和装饰主义。

产品语义学本身是符号学原理在产品领域的应用。而符号学作为一门高度理性化的理论科学，被很多学者寄予了在各学科领域中承担“组织科学”的角色并成为人文学科科学化的重要手段的期望。在符号学的研究和发展过程中，理性的思维方式始终贯彻其中。产品语义学则承袭了符号学一贯的理性思维方式，合理赋予形态象征意义，追求的依然是明晰、确定的语义表达，以实现人与物畅通的“交流”。然而，同样是对现代主义僵化、单一设计方式的批判和反思，后现代主义则更倾向于“非理性”、“无意识”的方式，来实现一种多义、含混的语义。后现代主义对现代主义的态度是一种对其本身的强烈否定，倾向于对逻辑、理性的彻底反叛，并趋向于纯感性的设计方式。

正因为思维方式的巨大差异，导致了后现代主义与产品语义学最终走上了不同的道路。后现代主义设计主张以装饰性的手法来达到视觉的丰富，对形式的偏爱、纯感性的设计方式，最终引导其走向了背离功能的形式主义道路。后现代主义在批判现代主义的功能理性的同时，最终走向了另一个极端。而产品语义学在反思现代主义设计时，始终没有将形式与功能对立起来，而是通过扩展功能的概念，将两者辩证统一起来。产品语义学认为，产品的功能不仅具有物质功能，而且同时具有精神功能（图2-13）。“形式”与“功能”是相互依存、互为因果的关系。产品语义学对现代主义的批判，仅仅是对其“形式追随功能”的法则的修正，并不是简单、彻底的否定。

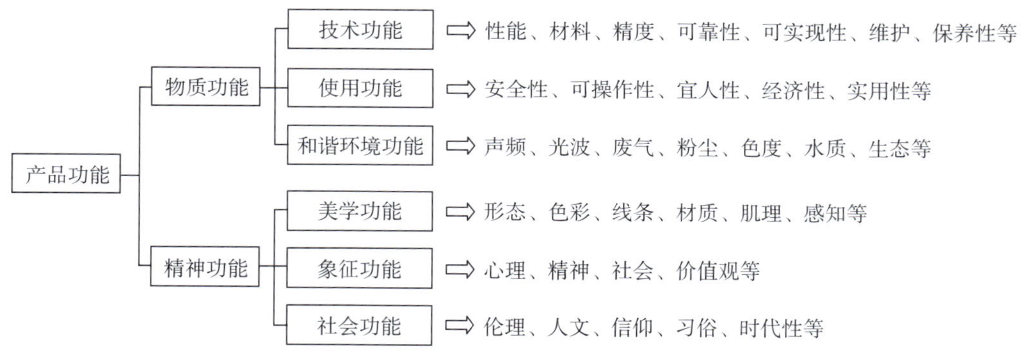

图2-13　产品的功能

在这个多元化的时代，设计风格也越来越趋向多元。后现代主义设计并不是设计的后现代时期里企图改变现代主义、国际主义设计的唯一尝试，多种多样的设计风格如解构主义、新现代主义等都从不同的角度展开了自己的探索。作为诸多设计思潮中的一种，同样处在后现代语境下的产品语义学不可避免地与其他同时期的理论流派，尤其是后现代主义设计，有着千丝万缕的联系。在研究产品语义学的时候，我们不仅要认识到它们在大的语境下的共通性，更要清楚地看到它们各自不同的探索、努力。只有从思想上正确把握，真正理解其本质，才能在设计中准确运用这一理论。

2.5 关于后现代主义之后

后现代主义兴起之后，在建筑设计领域中先后兴起了对设计风格其他形式和方向的探索。围绕着现代主义和后现代主义的破与立，晚期现代主义风格、高技术风格、解构主义风格和新现代主义风格逐渐涌现，相互交织，形成了多元化的发展趋势（表2-2）。工业设计的历史告诉我们，新产品设计风格的出现总是受到首先出现于建筑领域中新设计风格的影响。现代主义和后现代主义的产品设计风格的出现就是典型的例子。后现代主义时期建筑设计与产品设计的相互影响和沟通更加频繁，后现代主义之后建筑设计的探索性风格很快就会影响到产品设计风格的探索。

表2-2 各种设计风格及流派的特征

风格名称	时间	风格特点	代表作品	代表人物
后现代主义（Post–Modernism）	20世纪60年代以来	具有高度隐喻性、文脉性、装饰性，强调以历史主义风格为借鉴、采用折中手法达到强烈的表面装饰效果	波特兰市政大楼、AT&T大厦	迈克·格雷夫斯、飞利浦·约翰逊、罗伯特·文丘里、崎新、查尔斯·詹克斯
高技术风格（Hi–Tech）	20世纪80年代以来	脱胎于晚期现代主义，从现代主义中采纳大量技术术语，加以发挥至极，力图摆脱现代主义的沉闷，以技术手段达到形式的目的	香港汇丰银行大厦、巴黎蓬皮杜艺术中心	诺曼·福特斯、R.罗杰斯
解构主义（Deconstruction）	20世纪80年代以来	把完整的现代主义、结构主义建筑整体破碎处理，然后重新组合，形成破碎的空间形态，试图摆脱现代主义的所谓总体性和功能细节，从而丰富形式感	拉·维特公园、毕尔巴鄂古根海姆博物馆	屈米、盖里、彼得·艾森曼
新现代主义（New–Modernism）	20世纪80年代以来	在现代主义基础上的发展，结构和细节遵循功能主义、理性主义，完全依照现代主义基本语汇设计，根据需要加入新的简单形式的象征意义	卢浮宫金字塔、保罗·盖地中心、大西洋住宅	贝律铭、里查得·迈耶、佩理、加斯米、阿奎特克托尼卡

尽管后现代主义产品设计风格声势浩大，创造了大量令人耳目一新的作品，但早期狭义的后现代主义设计以装饰为中心、以历史主义为借鉴手段、以折中主义为设计方法，实际上只改造了设计的表面形式，而很大程度上仍然依赖于现代主义的结构。后现代主义设计风格本身并没有很深的理论基础和明确的设计思想，历史的装饰风格只能起到粉饰的作用，本身具有极大的局限性，折中主义的方法只会使设计扑朔迷离，更加使知识分子感到迷失、抵触、厌恶。所谓的后现代主义风格，尽管反对现代主义的权威性，但代之以更多的个人的权威性，并不太注重设计的哲学基础。加之商业对后现代主义设计风格的滥用，很快就使之贬值如同廉价风格。因此后现代主义风格注定不可能成为长期稳定的设计风格。

设计在发展，新的流派还在不断涌现。不仅那些坚持现代主义立场的设计者仍在坚守昔日的阵地，后现代主义也未终结。于20世纪90年代初，作为“否定之否定”而出现的“新复古主义”、“新理性主义”现今也正方兴未艾。这是一个设计理论、流派多元并存的时代。一种恒定理论“一统天下”的时代已经过去。设计理论的丰富性预示了世界的丰富性，随着人类对自身与自然关系的不断深刻的认识，新的设计理论和流派还会不断地被提出和涌现出来，这也是历史和所有事物发展的一种必然。

2.6 产品语义学对我国设计发展的价值

与国外发达国家相比，我国工业设计发展时间短、经验少、思想重视不够，因而在实践中远远落后于其他国家，表现在：

1）设计观念落后，简单地把设计等同于外形、美工、装饰等。

2）相应的教育培训体制不健全，对设计认识的深度和广度不够。

3）设计手法落后，程式化现象严重，表现形式单一、乏味。

4）相关设计理论研究匮乏，加之国际化形式的冲击，造成国内产品创新性不强，使我国很难形成自己的设计风格。

与此同时，我们进入了一个以消费者为主导、多元化、多价值取向的新文化时代，在经济发展、物质发达的社会，人们更加注重精神文化的满足，对于产品设计人们更加注重它的象征功能和文化内涵。“形式追随功能”的现代主义已不能满足人们不断增长的文化需求；从绿色设计的角度看，一味地追求形式的新奇怪异、高物质消费也不是出路。针对我国实际情况，结合科技、经济实力，设计只有走功能和形式相结合的道路，即形式既要表达情感，又要表达功能。产品语义学理论源于产品符号学，由于符号的任意性、多样性和制度性的属性，可以说产品语义学为设计师打开了另一扇神秘之门，提供了更广阔的设计空间。然而，符号能指和所指的不确定性和传达过程中的干扰性正是符号的局限所在，自由和限制是一对矛盾体，没有完全的自由，也没有完全的限制，我们就是要在限制中获得最大的自由。那么在设计实践中我们要从整体上正确认识，产品语义是产品的一个方面，不是决定因素，不可为符号而符号，不可以偏概全。

总之，产品语义学不仅扩展了造型语言，打破了产品刻板的外形设计，在强调功能属性的前提下，产品语义重视主体精神和文化脉络，在设计中体现人性及人类文化的连续性，并且力求达到人、机、社会、环境的协调。在信息社会中，产品已成为传递信息的一种媒介，期望给人们带来更加轻松惬意的交流。新时代的设计师要把握时代脉搏，以产品语义学的方法进行产品形式的塑造，更加有意识、更加主动地创造出丰富的产品符号语言。

第3章 产品的语义

本章介绍了符号的外延与内涵，通过实例阐明了外延与内涵的基本概念以及彼此的关系。对于符号外延与内涵的正确理解，将有助于产品语义的设计与表达。对于产品语义的诉求层面，本章进行了较为详实的介绍，从使用功能、结构、习惯与联想、时尚、品牌和文化等方面都有结合实例的说明，这是本章的一个重点。读者通过本章学习，可以从符号外延与内涵的角度对设计作品进行分析，从而发现设计者是如何运用语义学的方法进行思考与创造的。

本章关键词：外延，内涵，意义，语义诉求

3.1 外延意义与内涵意义

从产品语义学观点出发，产品形态在传达的过程中应具有外延（明示意）和内涵（暗示意）两个层面的意指。所谓外延性语义是指与产品物质性功能（包括：使用目的、操作方式、构造及人机尺度等理性领域）密切相关的内容；而内涵性语义则指产品的精神功能（包括：情感、体验，反映出心理性、社会性、文化性的象征价值等非理性领域）。内涵性语义表现出比外延性语义更加多维、更加开放的特点（图3-1）。

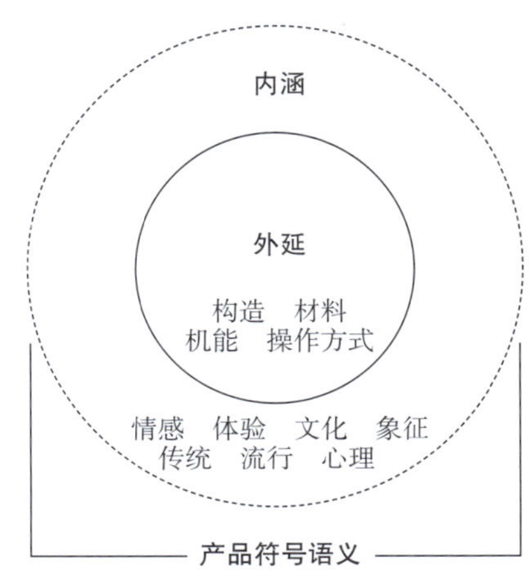

图3-1　产品符号的外延与内涵

3.1.1 外延

外延（Denotation）是指符号所具有的那些明确的、显在的或者常识性的意义。从语言符号理解，外延是词典里所给出的意义，是词的主要意义。外延的意义较为固定，不易改变，讲同一种语言的人对同一词汇有相同的概念。外延意义与客观世界的事物不发生直接的联系，只是对客观世界的事物或现象进行概括。比如“椅子”的外延意义，它是从无数形形色色的同类事物“椅子”中概括而来，表示这一类产品，不表示某一具体的椅子。

在产品语义学中，外延性意义与符号和指称事物之间的关系有关，它在产品文脉中是直接表现的“显在”关系，即由产品形式直接说明产品内容本身，借助形态、构造、特征等元素来表达使用上的目的、操作、功能和可靠性等内容。与内涵性语义相比，外延性语义是一种更为浅显易懂、更为直接的语义表达。外延性语义更接近于“形式追随功能”这个现代主义设计信条。产品外延性语义所提倡的是一种实用精神，运用外延性语义的方法所做的设计是一种真实的设计。所谓真实的设计首先是真实在“形式追随功能”上，要想使产品的造型“能指”准确地表达甚至凸显产品的功能和使用方式“所指”，就必须使用真实反映产品的功能和使用方式的形式。

一言概之，外延性语义的根本目的，就是以产品造型为手段，使人们能够通过产品的外形表达迅速理解“是什么产品”、“做什么用的”、“怎样使用”等诸如此类的一些问题。因此可以说，产品的外延性语义的传达是实用层面的意义传达，它较之产品的内涵性语义传达更为直观、理性和逻辑化。一方面，设计师选择最能体现产品物质功能和使用方式的形式语义进行表达；而另一方面，产品的实用功能、使用方式也会外显为产品的基础外观形态，也是为高一层面的内涵性语义的传达建立一个基础。

3.1.2 内涵

与外延不同，内涵（Connotation）是指外延的弦外之音和联想，传统上叫做内涵。通常指符号中包含的社会文化和个人的联想（意识形态、情感等）。它并不是词义的一个必要组成部分，但是可能会出现在语言使用者的脑海里。以语言为例，mother的概念意义是“母亲”，但它经常与“温柔、慈爱、勤劳”等联想意义相连。这些意义不会出现在词典里，但在特定语境下，讲话者或听者是会联想到的。另一个例子如home，其外延意义是“栖息的地方”，但读者一旦遇到这个词，肯定想到的意思要比这个意义丰富得多。它可以使人联想到“家庭、朋友、温暖、安全、关爱、舒适”等含义。但对一些人来讲或许是“冰冷的、令人烦恼的”内涵意义。所以，内涵的意义具有不稳定性和不确定性。随着时代的发展，一些词语的旧有的内涵意义会逐渐消失，新的内涵意义又会不断补充进来。

在产品语义学中，内涵性意义是与符号和指称事物所具有的属性、特征之间的关系有关。内涵不是单独存在的意义，而是附加在外延上的意义，它可以因人而异，因不同的年龄而异，也可以因不同的社会、国家或时代而异。它是一种感性的信息，更多地与产品形态的生成相关，即由产品形态间接说明产品物质功能内容以外的方面，反映出一件产品在使用环境中的心理性、社会性或文化性的象征价值。例如，消费者认为某种产品具有现代、前卫的感觉，或通过产品感受到一种时尚的生活方式，或从中感受到一个高性能的、让人值得信赖的品牌形象等，这种意义只能在欣赏和使用产品时借助各自感觉去领悟，使产品所反映的寓意、象征性等精神层面的意义与消费者的内心体验与感受达到某种一致。

3.2 符号的外延与内涵的关系

总体来讲，内涵往往是以外延的存在为前提的，如果没有外延（能指）的存在这一前提，也就没有内涵（所指）的主观价值的判断。内涵语义的产生往往需要借助另一个符号形式来产生。比如 “鸽子”一词，从语言符号或动物学的角度来询问它的意义，首先可以从词典中找到其意义，即“一种善飞的鸟，是鸽形目鸠鸽科数百种鸟类的统称，羽毛的颜色也较多种，主要以谷类为食。”这种释义是“鸽子”一词符号的外延意义，不受主观意志的左右。如果再问“鸽子”又意味着什么？相当于问“鸽子一词意义的意义是什么”的问题了。如果主观认知中有视“鸽子”就是“和平使者”这一主观价值的话，那么鸽子就意味着“和平”。这种意义就是所谓的内涵。所以，内涵所表现的含义几乎都不能在词典或在动物学中找到答案，它涉及符号的情感及美学功能，当然不受客观构想的符号规则的制约。图3-2表达了“鸽子”的外延与内涵的关系。再比如“黑”这个词，从外延意义上讲，仅表示一种颜色，与“白”相对。我们经常描述一个人的肤色，“这人真黑！”。但同样是这句话，又有着深一层的含义。这时的“黑”被赋予了“毒辣、阴险和不择手段”的内涵。诸如“黑社会”、“黑了他一回”、“黑人”（这里指无正式身份的人）等。可见内涵意义的不稳定和开放式的特点是多么明显。

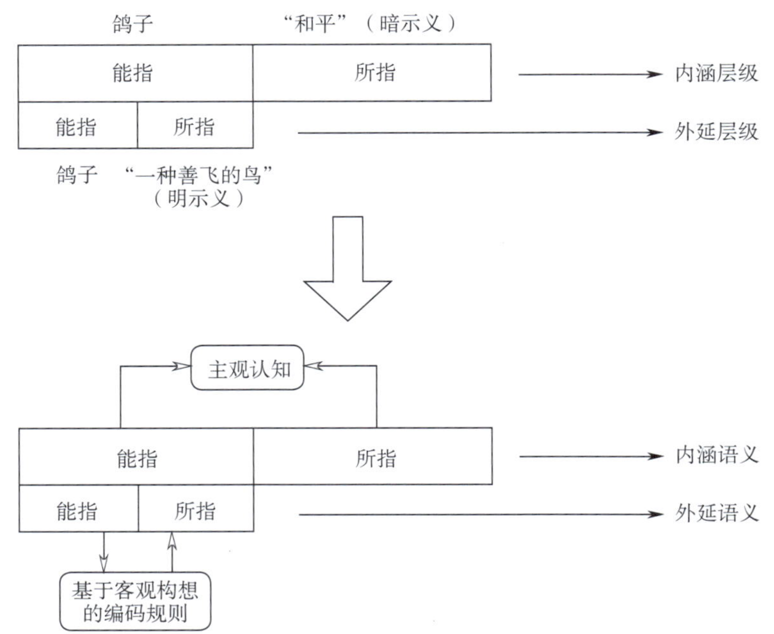

图3-2 符号外延与内涵双重性

关于符号外延与内涵的关系可以总结为以下几个特点：

1）一个客观存在的符号实体可能具有双重性，即由外延的一面构成外延性符号语义，由内涵的一面构成内涵性符号语义。

2）一个符号的外延是由客观构想的所指构成，其能指与所指的结合受符号规则的支配，所以其结合是相对稳定的。

3）内涵符号以外延符号的形式（即外延的能指）与内容（即外延的所指）的结合为能指。

4）内涵的所指则表示与外延符号形式、功能有关的主观价值，不受符号规则的支配。它基于对能指与所指整体间一种类比的、主观的认知与判断，所以能指与所指的结合相对不稳定，因人而异。

5）当一种内涵被反复使用时，有可能逐渐地被规则化，因此不妨视这种被逐渐规则化了的结合关系为"准编码"，如前面所说的"鸽子"与"和平"的结合就属于准编码，还有"玫瑰"与"爱情"等。

综上所述，内涵语义是对外延符号的能指与所指结合体的一种主观价值。以SONY的"VAIO"标志为例（图3-3），我们可以看到，仅从"VAIO"四个英文字母的形式（外延）表面，还包含了如此丰富的内涵。

图3-3 "VAIO"标志中的内涵

“VAIO”最初是“Video Audio Integrated Operation”（影音互动）的首写字母缩写，VAIO也代表自然与技术的结合。在“VAIO”标志的形式背后，VA是正弦波，代表模拟的意思；IO是1与0，代表数字的意思，因此“VAIO”是“模拟与数字的集成”之意。VAIO表达了个人计算机的模拟与数字特性被融入自然的一台计算机。VAIO设计师后藤祯祐（Teiyuu Goto）表示：“虽然今天的个人计算机只是一台机器，但是它们也已经越来越接近人类与自然了。因此，我相信VAIO的名称将会永久传承下去，超越目前我们所知道的个人计算机的概念。即使VAIO未来可能会发展为新的以及不同的产品，我也觉得很适当。这个名称以另一个方式表达了自然。”VAIO就像是“BIO”这个字首，代表“生命”，就像在生物学上的意义一样。这个标志运用复古的象形文字形式，使人回想起古时候人们与自然和平共存的景象。

2008年7月16日，索尼公司重新定义VAIO为“Visual Audio Intelligence Organizer”，并在品牌内涵中增加“Quality”（质量）、“Design”（设计）和“Intelligence”（智能）元素。索尼公司表示，把“Video”替换为“Visual”，意义在于视觉效果不仅限于图像，也包括静止画面。而“Intelligence”则代表了PC可智能处理各种问题，包括VAIO附带的Movie Story软件的面相识别、动画合成功能，Media Plus的DLNA网络功能等。“Organizer”则代表了对这些软硬件功能的有机集成。

如果说产品的外延性语义表达是通过直接而真实的产品造型语言的“能指”，体现产品内在的功能属性以及使用方式的意义“所指”，那么产品的内涵性语义表达则是以产品造型的“能指”，指涉产品内在的功能属性以及使用方式以外的其他价值的“所指”。毕竟，任何一件人造产品，并非除了实用功能和使用方式的内在属性外便与其他因素完全绝缘，其实当人类在制造出第一件人造物时，除了赋予了这个人造物的使用价值外，还同时为其赋予了社会价值和象征意义。人造物与人类社会是相互依存、共生共灭的关系，没有不具备社会属性的人造物。在任何产品中都会或多或少地体现出其存在时代的生产力和生产关系的发展状况，以及艺术、哲学、文化、科技、政治等各个社会因素，所以解读一个产品就可以部分解读出人们生活的某个历史时代。正是因为产品与人类社会如此密切相关，所以产品的形式语言必然也渗透着产品的社会价值。

内涵性语义与外延性语义尽管所指涉的对象和含义各异，但是产品对于两种语义的“能指”因素是一致的，即两种语义“能指”都是体现在产品造型上。二者在产品造型上的体现并不是一种简单的机械叠加，而是一种统一与融合的关系。这是因为一件产品在正式被设计、制造出之前，设计师已经将和产品有关的方方面面的关联因素都进行了充分考虑，如产品内在的功能属性以及使用方式，外在的各种社会因素。所以，设计出的产品在语义的表达上必然是统一地集内涵性语义与外延性语义于一体。下面我们列举三个例子，以说明产品符号的外延性语义与内涵性语义之间的转换关系。

图3-4 Tree House Fridge概念冰箱

符号			
树的形状		摘取果实、新鲜、回归自然	内涵
人们经验中冰箱的形式	方盒子状、灰白色、温控指示灯、电源等	外延	
符号			

图3-5 Tree House Fridge概念冰箱的外延与内涵分析图

图3-6 Zuse烤面包机

符号			
借用打印机符号（新的形式）		打印、图案、笑脸（新的意义）	内涵
人们经验中面包烤箱的形式	方盒子状、支架、拿取、温控指示灯、电源等	外延	
符号			

图3-7 Zuse烤面包机的外延与内涵分析图

图3-4是一款名为Tree House Fridge概念冰箱。同传统的冰箱一样，可以储放水果、蛋、肉类、饮料等食物。设计师采用了树状形态作为冰箱的造型，暗合了冰箱保鲜的功能。特别是“树杈”上的食物，当水果放上去后像长在树上一样，拿取水果的过程就像从果树上采摘新鲜的果实一样，给人一种回归自然的内心体验。（设计：Chuan Shi，Wenying Lu，Chuan Shi & Yu Li）。其外延与内涵分析图如图3-5所示。

奥地利INSEQ DESIGN公司生产的Zuse，是一款简洁小巧的烤面包机（图3-6），设计师借用了打印机的形式，使其可以安装在墙面上。通过光学传感器运转，将笑脸图案“打印”在面包片上，给人以诙谐、有趣的心理感觉。其外延与内涵分析图如图3-7所示。

图3-8是德国著名设计师魏纳•萧普设计的一款名为“赛瑞克斯”的雷达表，曾获多项国际设计大奖。魏纳•萧普在设计前，首先问自己几个问题：时间是什么？时间从哪里来？又到哪里去？时间为什么总是永无止境地流逝？手表虽是一个计时器，但不应只具有计时功能，应赋予其丰富的文化哲理。于是，他在纸上画出

了螺旋线，它具有一种神秘感和永恒性，这就是“赛瑞克斯”的创意来源。该款雷达表表盘采用方与圆的结合，表带以螺旋形缠绕在手腕上，手表由黑色和灰白色组成，表达出时间在黑夜与白天之间不断地流逝。“赛瑞克斯”独特且富有哲理的设计内涵，再次确立了雷达表在手表设计方面的领先地位，也成为雷达表设计的新里程碑。其外延与内涵分析图如图3-9所示。

图3-8　“赛瑞克斯”雷达表

<table>
<tr><td colspan="3">符号</td><td></td></tr>
<tr><td colspan="2">黑与白、螺旋线、方与圆的组合（新的形式）</td><td>夜晚与白天的更迭，似螺旋线般循环往复，没有尽头（新的意义）</td><td>内涵</td></tr>
<tr><td>人们经验中手表的形式</td><td>表盘、指针、刻度等固定的组合方式</td><td colspan="2">外延</td></tr>
<tr><td colspan="2">符号</td><td colspan="2"></td></tr>
</table>

图3-9　“赛瑞克斯”雷达表外延与内涵分析图

由产品语义学的内涵性语义可知，产品语义学所倡导的并不止于现代主义设计大师沙利文所提出的“形式追随功能”，产品语义学的设计理念并不是冷漠的全理性化的设计，它还有更多的理念维度，是一种立体的、全面的设计思想。产品语义学所倡导的是一种人文主义精神，是对产品的使用者更深一层次的尊重、理解和关怀。为了使“能指”准确、真实生动地反映和表达“所指”的本质，产品语义学设计理念所采用的设计手法是不拘一格的，只要是适宜的、恰当的，甚至与现代主义理性的设计思想背道而驰的后现代主义感性的设计手法也可采纳。后现代主义常使用的设计手法有移用历史素材、拼贴、并置、象征、比喻、夸张、幽默、扭曲等。

下面我们来看一组主题为“Become a nicer person”的系列平面广告（图3-10）。健美运动员常规的几个表演动作，在特定的背景下，被设计师赋予了不同的内涵。在选材及表现形式上妙趣横生，令人忍俊不禁、印象深刻，反映出设计者在对主题理解、符号载体的选择、关联性以及场景的联想等方面，都非常准确与独到。

图3-10　“Become a nicer person”系列平面广告

3.3 内涵意义的产生

由于内涵性语义所指涉的内容具有广泛性和不确定性，因此，针对其象征价值的不同特性又细分为感觉、情绪表层和文化、社会价值深层两方面。表层意义的感觉、情绪，是消费者对产品造型产生“情感性”的认知结果，是对美丑的直接反应与喜爱偏好的直接感受，例如稳重、轻巧、自然、圆润、硬朗、简洁、高雅、女性化、科技感等。想象和联想在这种认知的过程中起着激活人们情感的作用。这与消费者本身的感性、个性及其成长的背景有关，一般是“非功利性”取向的。消费者在与产品的形状、色彩和质感等这些产品语义中最有特性的要素的接触中，首先产生情感性的语义认知。如杂乱与秩序、简洁与繁琐、稳定与轻灵等，这些属于人们共同的视觉经验而产生的好恶，是人类情感的直接反应的一部分。

深层意义的文化、社会价值观，是消费者对产品产生的一种更深层的认知结果。它是一种受到外界的影响与教育而形成的共同价值观，也可能是一种流行时尚，一种文化含义，一种固定印象。这些定型的思考方式往往左右人们对事物的看法。消费者往往透过造型符号感受到某种文化内涵，体会到特定社会的时代感和价值取向，其中具有一定的功利色彩。更加值得关注的是，在商品经济高度发达的社会，消费者所认知的这种深层的内涵性语义还体现了商品、经济等外围因素，在消费者心中自然形成了对某一品牌产品独具特色的固定看法，即产品中的品牌印象，如品牌的一致性和与其他产品区别的差异性。

表层意义的感觉、情绪和深层意义的文化、社会价值观这两种内涵性意义，在消费者的整个语义认知中，是相互关联和影响的。持续相似的语义感觉的塑造和不断强化，帮助形成了相对稳定的价值观。而固定的文化、社会、品牌的印象不可避免地影响了消费者对产品的直接情感反应，而这种印象也正是通过情感性的反应加以表达。消费者对于不同内涵性意义的考虑在行为具体表现为：对不同的产品因不同的感性属性进行分类，对不同的产品在某一感性属性的表现进行评价，及根据表现对某些产品产生一定的偏爱。

不难看出，符号的外延相对稳定，而内涵意义的产生往往借助于与之相关联的符号系统而产生（图3-11）。一把“椅子”在我们的脑子里就是坐的工具，它应该有支撑面、靠背、扶手等固定的外延概念模式，但经过对其功能的理性分析发现，一颗牙齿、一个按键、一朵盛开的花朵等，几乎都可以满足坐的需要。可以说，到处尽是可借用的符号。一旦引入其他领域的符号，新的形式与不同内涵的意义便显现出来，而与之相关联的符号可以从自然界以及人类创造的文化各个层面中获得。

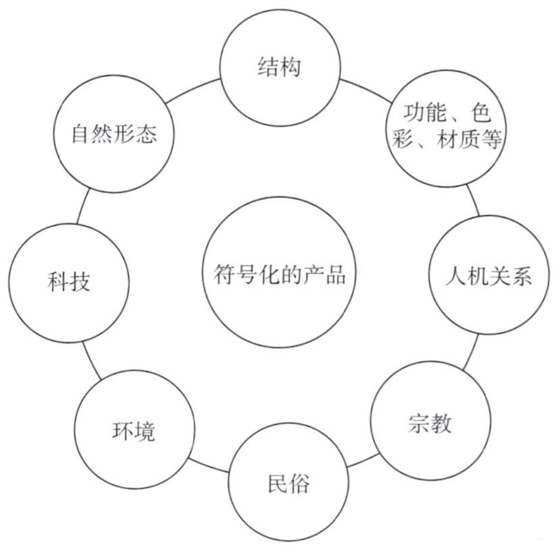

图3-11 产品内涵意义的关联层面

3.4　产品语义的诉求层面

产品语义所关注的就是产品所要表达的各层面的信息与意义，解决从产品的实际功能到象征意义等各层面的信息传达问题。其中包括产品为何物（认知功能）、有何用途（使用功能的形象化）、如何使用（使用方式的示意）、感受（审美、情感）、意味着什么（象征意义）等一系列的问题（图3-12）。产品语义的表达根据这些问题划分为多个层次：功能性语义、示意性语义、情感及趣味性语义、象征联想性语义。

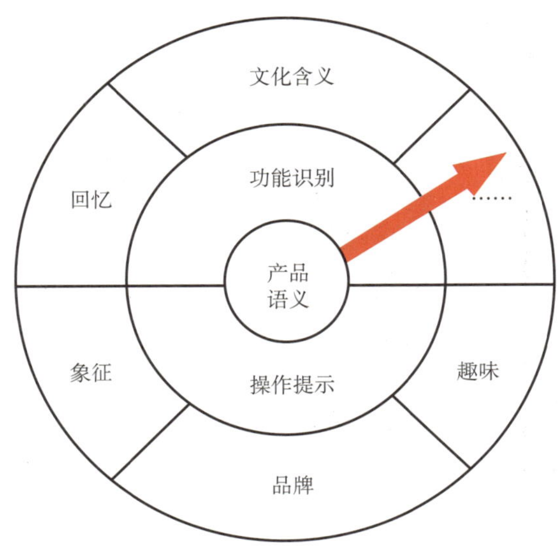

图3-12　产品语义的诉求层面

我们通过以下案例，可以看到设计师如何通过产品的形态来传达产品的功能识别、操作提示、品牌特征、流行时尚、记忆联想、文化含义、象征意味和情趣化等含义。

图3-13　Watt Time闹钟

设计师Flora的Watt Time闹钟（图3-13）看上去极像一个乳白色的白炽灯泡，通过腰部“浮”在玻璃上的蓝色LED来显示时间，按一下顶部的电钮就可以终止闹铃，而设置时间用的按钮则隐藏在了背部。每次闹铃响起，灯泡底部也会同时亮起，如同一盏小小的台灯。采用灯泡符号作为整个台灯的造型，其功能特性彰显无疑。

由Nenad Kostadinov设计的这款带有GPS功能的山地车（图3-14），很好地结合了空气动力学原理，车身增加了GPS定位系统。通过形态和颜色的有机结合，清晰、明确地表达出产品的操控、提示等方面含义。

图3-14　带有GPS功能的山地车

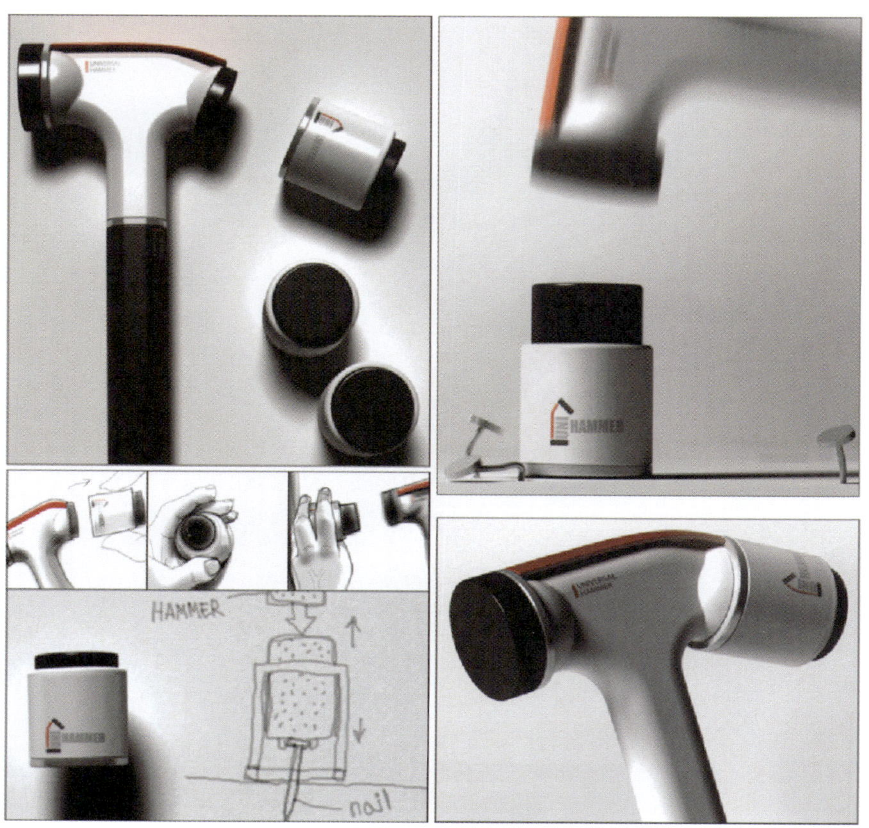

图3-15　安全斧头

韩国设计师Ji-yun Kim设计了一款安全斧头（图3-15），顾名思义就是砸不到手的斧头。设计师通过结构与连接方式，使产品传达出如何使用的正确方法，斧头前面增加的一个套头，从敲击面到手握持横截面由小变大的处理，表达出安全及不会将钉子敲歪的语义。

图3-16　茶杯托盘设计

如图3-16所示，设计师Carlo Casagrand在托盘的边缘处设计了用来固定杯子的卡槽，从而使得托盘上的容器可以更加稳固。这样一来，即使没有什么经验，也可以轻松地用一个托盘端稳四个茶具杯，而且还不会烫到自己的手，茶杯与托盘上的卡槽形成明确的功能提示。

Nils Löventorn设计的名为POC Tarsus的滑雪靴（图3-17）可以帮助滑雪爱好者更好地释放脚踝处的压力，避免采用传统的搭扣式鞋样，使用者穿起来更加舒适放松。产品从形态、色彩、结构以及材质方面，向使用者传递出安全、舒适及方便的语义提示。

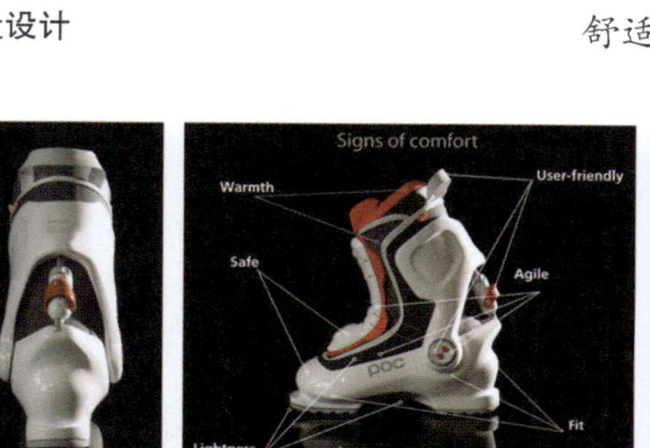

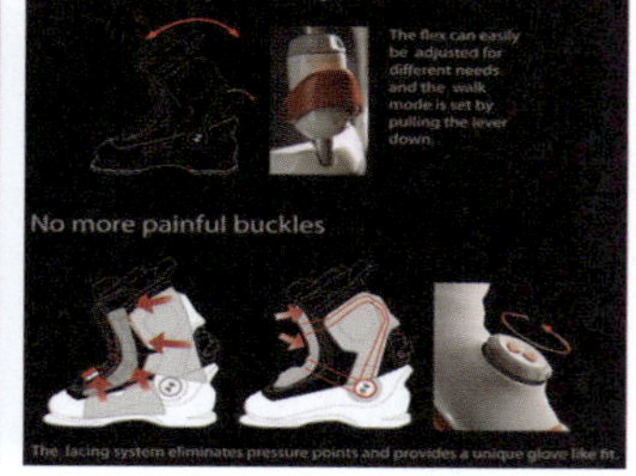

图3-17　POC Tarsus滑雪靴

由Agustin Otegui设计的名为Tenso的“扇贝”文件夹（图3-18），用两片“贝壳”来夹紧文件。贝壳的边缘有一排细密的卡口，配合扇形结构上的卡钳一起使用，能根据纸张的厚度手动调整其松紧，简单地用手指拨弄卡钳至合适的卡口中即可。该设计的优势是能提供更大的接触面积，比普通回形针夹得更牢固，也更加美观。“扇贝”的命名与产品的功能贴切传义，结构、形态传递出其使用的方法，该设计曾获得红点设计奖。

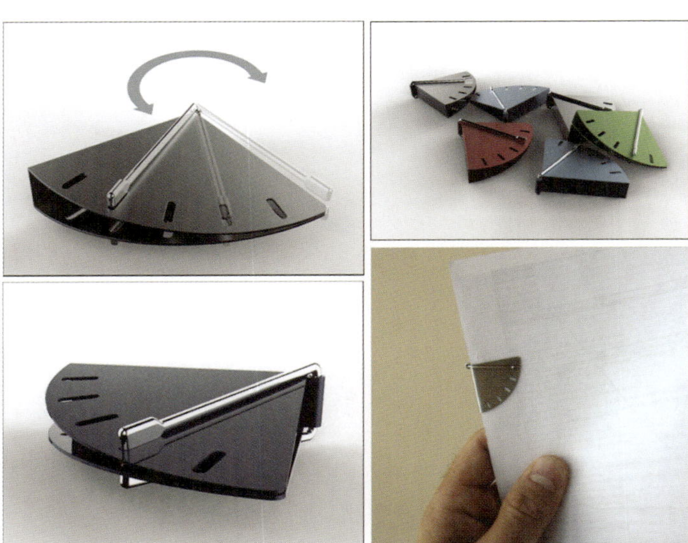

图3-18 “扇贝”文件夹

日本Link Design公司的可伸缩桌柜（图3-19），全木材质，结构就像伸缩门一样，平时可以缩进柜子的最底下两格，非常节省空间。下面的桌子，需要时打开柜门往外拉动就能伸展开来，由伸缩的结构很好地提示出使用的方式。

图3-20是“标致”新出的一款适合个人长途旅行的RD concept car概念车。它能够在很短的时间内实现变速，非常适应行驶在一些烦杂的街头或是郊区。当驾驶的时候，人们还将能切实地感受到它的高速与舒适。从车体“^”结构可以清晰地表达出前后轮距可以调整的功能语义，而驾驶者的坐姿与视角也随之改变。

由韩国设计公司Mintpass设计的减肥秤（图3-21），其最大特点就是并不直接显示使用者的实际体重，而是显示使

图3-19 可伸缩桌柜

图3-20 标致RD concept car

图3-21 减肥秤

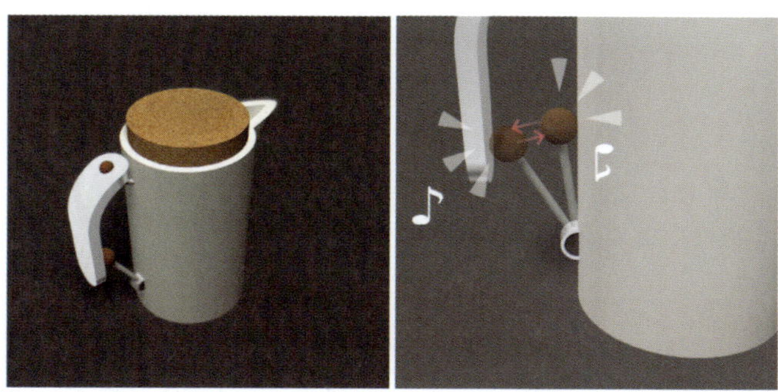

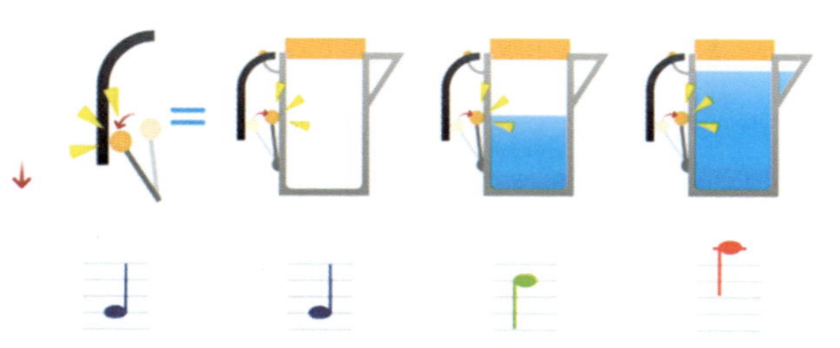

图3-22 会“演奏”的水壶

用者和完美体重之间的差距。也就是说，它会显示使用者应该减掉的体重数。侧面有一个输入窗口，在那里输入你理想中的体重数据后，站上秤它就会显示当前体重和这个理想值之间的差额，并将这些数据按照日期通过有线和无线两种方式同步传至电脑，再根据应该消耗的总卡路里数计算出一个合理的减肥日程。从某种意义上说，该款减肥秤的显示方式考虑到人们的心理感受，满足我们不想让他人看到自己的实际体重，以免尴尬和难为情的状况发生。

Mac Funamizu设计了一款会“演奏”的水壶（图3-22）。水壶侧面有个小锤，通过敲击水杯和手柄，根据倒入水量的不同而发出不同音阶的声响，其独特的提示方式充满情趣。

中国设计师Tao Ma设计了一款非常奇特的无屏腕表（Vain Watch）（图3-23）。顾名思义，这款腕表是没有显示屏的，取而代之的是埋藏于腕表框体中微型LED投射仪，需要的时候，这个系统会将时间和图片直接投射到你的皮肤上显示出来，是科技与时尚的完美结合。

Window Phone是一款概念手机（图3-24），它的外观被设计成为一个薄薄的、干净的、透明的塑料片一样，手机就如同可以感知天气的玻璃，晴天、雨天、雪天都有不一样的表示。当你对着它吹气时，它就转换为可以输入的模式，从而书写信息。该设计输入方式创作灵感，来源于对生活的细致体味与观察。我们都曾有过这样的经历，在充满雾气或水珠的玻璃镜面上随手涂画着，一种温馨的记忆浮现在眼前。

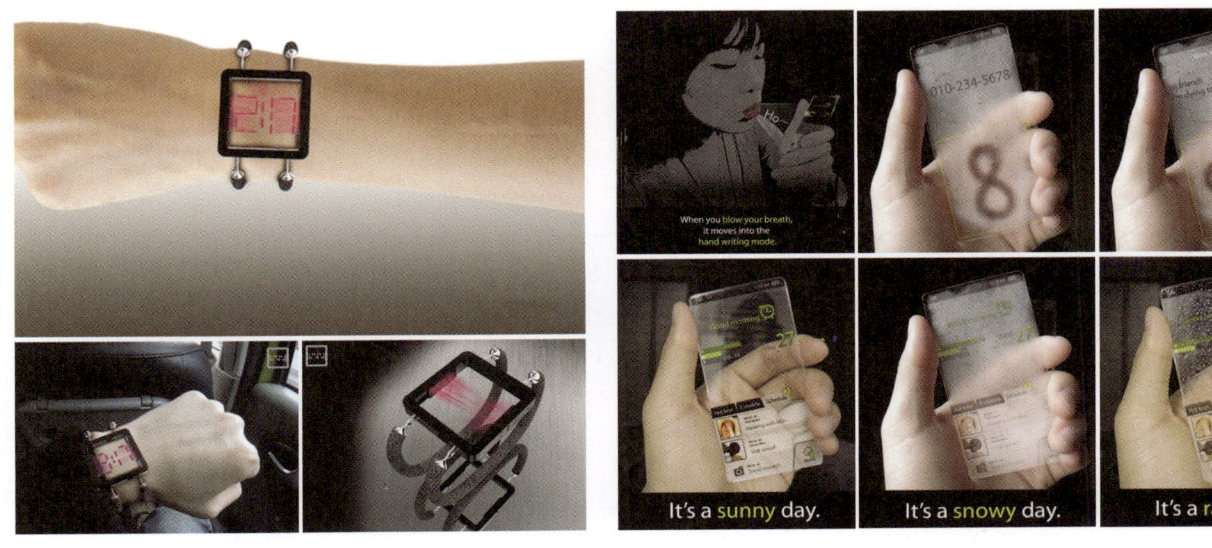

图3-23 无屏腕表概念设计

图3-24 Window Phone概念手机

图3-25所示的这套有趣的餐具名为Donx。很明显，设计师的灵感来源于小时候堆雪人的记忆，将碗一个一个如同雪球一样叠起来而形成一个雪人，既符合人们整理碗碟时的习惯，还增加了生活情趣，何乐而不为。

图3-25 “Donx”餐具

设计师Rafael Morgan设计了一款“神奇的”垃圾桶（图3-26），外形如同魔术师的帽子。设计师期待这个垃圾桶有魔法般地将垃圾消灭掉，设计师丰富的联想及符号的借用能力的确很神奇。

图3-26 “神奇的”垃圾桶

Pablo Matteoda设计的鲨鱼茶包（Sharky）（图3-27），装着茶叶或者茶粉的网状下半部分会整个地浸在水里，只留下刀锋般的背鳍在水面上。稍稍晃动几下茶杯，在水汽的蒸腾中，整条“鲨鱼”会像活过来一般，自由地在“茶海”中游动。特别是在浸泡红茶时，随着水的颜色渐渐变红，仿佛“鲨鱼”正在进行着一场杀戮。正是由颜色的渐变而引发了设计师的联想，符号的关联与借用可谓独到、有趣！小小的一个茶包，被设计师赋予了丰富的内涵。当茶叶浸泡完毕，捏着背鳍就能将之从水里取出，非常方便。该茶包采用全银材质。

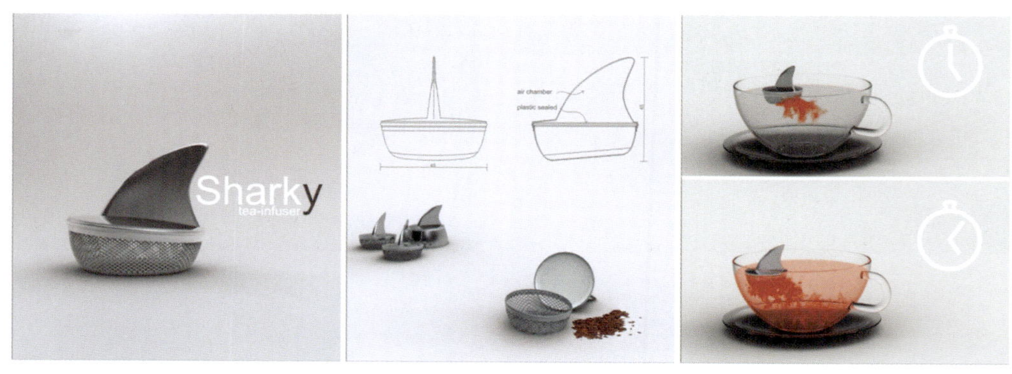

图3-27　鲨鱼茶包

Steffen Kehrle和Julia Landsiedl设计的名为Eraser Light的灯看上去就像是装在铝合金盒子中的一块乳白色“橡皮”（图3-28），每往外多拉动一点，光就更亮一点，而黑暗就被多“擦除”一点。符号的联想与借用，体现了设计师对“光”的理性分析，简洁的外形中传达出不简单的内涵。

设计师Davidi 设计的名为Galid Meiosis Backpack的背包（图3-29），是能背在身上的“反应装甲”。整个背包采用弹性网眼布料材质，装多装少都能应付自如。为了防止背包在东西不多时缩成一团，设计师创造性地在表面设计了若干个多边形的“装甲”，这些稍硬的玩意能够确保包在最小时也不会变形，并赋予

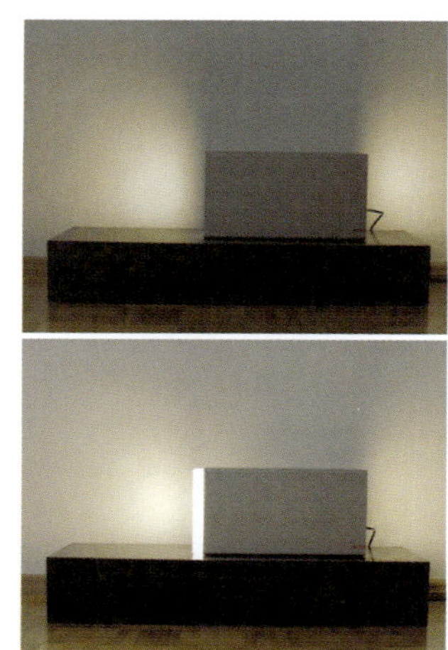

图3-28　“橡皮”台灯

图3-29　Galid Meiosis Backpack 背包

其一种超酷的视觉效果，背在身上就如同挂了一身坦克的反应装甲。但不管是有意无意，对于这款背包的外形，总会令人联想到“乌龟”的形象。如果肩负着一个“龟壳”出现，在中国文化背景下，除了表示“长寿”外，总还会让人想到一些不雅的描述。不知这位欧洲的设计师对这款产品的市场定位如何，在日本或许会使人想到“忍者神龟”，这是一种正面的联想。所以，在不同的文化背景下，同一个形象会产生不同的内涵，这是设计师必须要谨慎对待的一个问题。

瑞典设计师Therese Glimskär设计的图3-30所示的沙发，由弹性极大的材料通过钢管拉伸而成，沙发面可随使用者入座时的重力而不同程度地下陷，充分营造出一种自由与舒适的感受。从后面看，使人联想到蝙蝠侠和滑翔伞，座椅整体造型简洁、时尚，富有现代气息。

图3-30　沙发设计

图3-31是“戴姆勒•克莱斯勒”的学员们设计的一款概念车F-CELL Roadster。它兼具现代和复古的风格，敞篷设计，没有转向盘，取而代之的是一个操纵杆。该款设计的最大亮点是采用了输出功率为1.2kW的氢燃料电池驱动，尾气排放为零，可确保最远行驶距离达217km。它拥有现代科技的内核，外形却散发出一种对昔日的怀旧情愫。

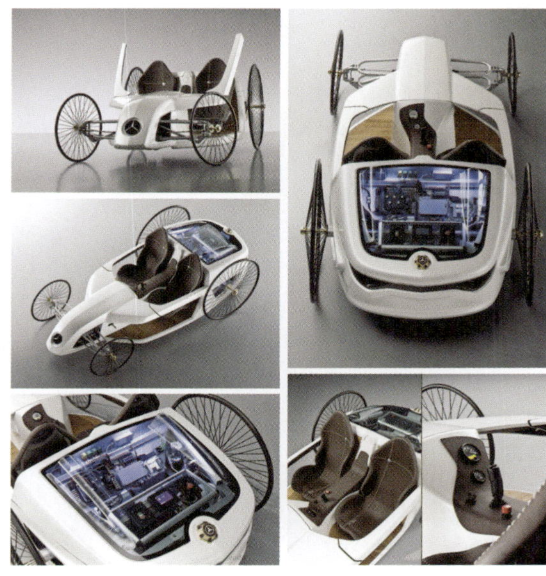

图3-31　F-CELL Roadster 概念车

图3-32是B&O公司与3M联合推出的一款医用听诊器（右下），是B&O为数不多的涉及医疗设备的设计。它延续了B&O一贯的设计风格，在选材和造型上体现了简洁、现代和科技感，品牌特质统一而明确。

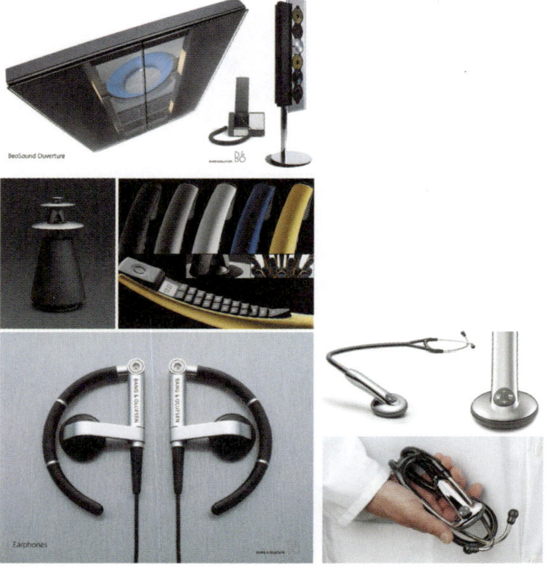

图3-32　B&O医用听诊器

设计师Sang-hoon Lee采用了美国动画片中《怪物史瑞克》的一些经典符号元素，设计了一款Shrek MP3播放器（图3-33）。其最具特色的是耳机的连接线可以藏在播放器内部，不会显得杂乱。由于引入了卡通符号形式，从而使播放器散发出生动、有趣的文化内涵。

俄罗斯设计公司manworks design于2009

年8月推出一款形状为深水炸弹的U盘（图3-34），由塑料制成且具有防水功能。它的长度为95mm，容量大小为1GB或2GB，其处理速度为8MB/s，有黑色、绿色、红色或白色可供用户选择。与上一个例子具有同样的设计思路，就是由产品的基本特征，借用了深水炸弹的符号形态，与纯粹的几何造型相比，其内涵一目了然。

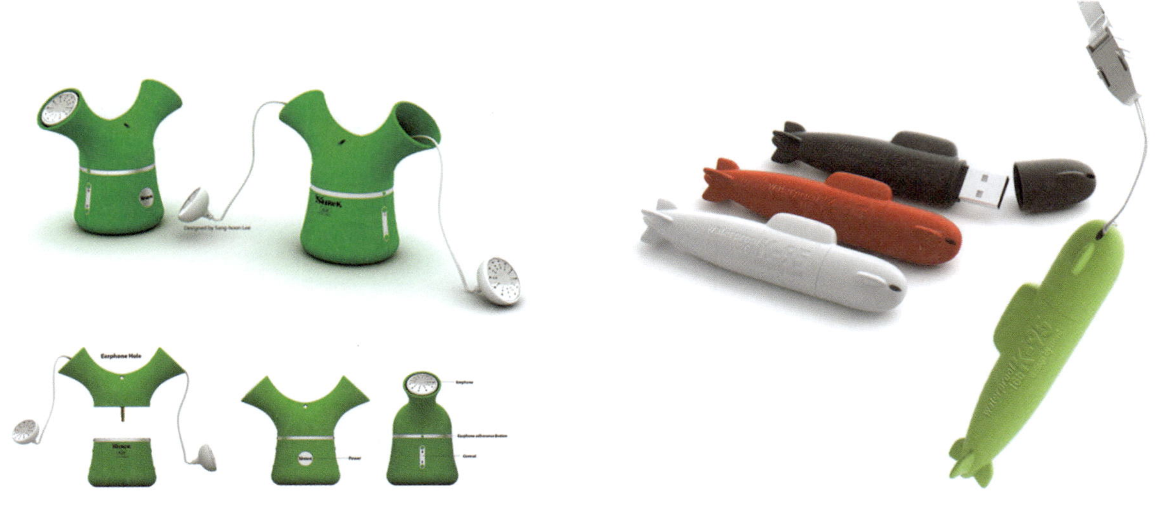

图3-33　Shrek MP3播放器　　　　图3-34　U盘设计

“喝着咖啡，听着音乐。”该是多么惬意的享受！设计师Jongmin Kim的一款“茶杯”CD播放器（图3-35）的设计灵感就是来自于这种生活状态。杯盘可播放CD，将杯子放在杯盘上时，播放器开启，拿掉杯子时，播放器停止工作，当旋转杯子的位置时，即可调节音乐声音的大小。将茶具的符号形式作为音乐播放器的外观形式，无论从产品操作方式，还是其深层内涵，都很独特和饶有趣味。

图3-35　“茶杯”CD播放器

总体来讲，产品符号意义不管是在形式上的，还是在结构上的，都可以作为解读符号语义的手段和线索，其最终目的是为了获得形式或结构背后所蕴涵的意义。内涵语义的构建一定是在其外延的基础之上，从手段与目的的辩证关系而言，为了达到目的，应当不拘一格地选用最为恰当的手段。从前面的例子可以看到，为了使产品具有新的内涵，设计师们都在自觉不自觉地借用与产品相关联（在功能、结构、形态、色彩、肌理及文化习俗等方面的关联）的新的符号。

第4章

产品语义的传达

本章是本书的一个重点部分。在这里，对产品符号的意义来源进行了分析与说明，同时阐明了产品符号的认知特点和形态要素分析。使用者如何认知和理解产品是本章的一个重点，产品语义的认知与理解，必须建立在对使用者所处的社会环境、文化背景、知识体系和生活经验等因素的全面把握与分析之上。本章从传播学的角度对产品符号的编码与解码过程进行了阐述和分析，指出了语境对产品语义在传达过程中的重要性以及产品语义在传达过程中的局限性。

本章关键词：意义的来源，产品的认知，心理模型，传播，解码，编码，语义局限

4.1 意义的来源

在我们生活的这个世界中，意义是普遍存在的，它充斥着我们生活中的方方面面。“大到历史事件、自然现象、科学理论、文化产品，小到一句话、一个动作、一个表情甚至一个眼神，无不具有一定的意义……我们无法想象一个没有意义的社会。”随着人类的发展，越来越多的有关形式与意义对应关系的约定，通过学习和经验贮存在我们的头脑中。我们的任何认知活动都必须借助于这些约定（例如人类语言文字）。如果没有这些约定，人与人、人与物之间将变得无法沟通，我们便会陷入一片混乱的局面。

产品作为一种符号形式，可以传达意义。而意义传播的有效性取决于设计者与受众之间共同的某些约定，而这些约定则来源于人的生理、心理、行为、自然条件、经济技术和社会文化等方面的基本特征而建立起来的（表4-1）。

表4-1 意义的来源

		意义源头的基本分类
人为	人文	寓言、传说、历史、宗教、习俗、哲学、社会礼制、美学等
	人造物	器物、纹样等
自然	生物	各类动物、植物
	自然景象	非生命、天文地理现象等
	抽象自然景象	时间、方位等

4.1.1 人的要素的约定

人是自然之子，人是万物之尺度。任何设计都是为人服务的，把握好产品与人的生理特征的关系，是设计首先要考虑的。人的生理特征是一个较为稳定的因素，它包括人体各部分的尺寸、体表面积、活动幅度、力量、生理结构、组织的生物物理特性等。人与人之间的自然尺度是有共通性且大致相同的。纵观人类产品的生产和设计发展史，从旧石器时代那些适合人手握形态的造型粗陋的各种石器，到达•芬奇绘制的体现人体黄金比例的《维特鲁威人》，再到法国著名设计师勒•柯布希耶在设计马赛公寓的过程中，运用文艺复兴时期达•芬奇的人文主义思想，演变出一套“模数”系列，这套“模数”以男子身体的各部分尺寸为基础形成一系列接近黄金分割的定比数列，他套用“模数”来确定建筑物的所有尺寸，以人体比例创造出了著名的“黄金尺”……所有这一切无不体现了以人为主体的设计思想（图4-1）。对于设计而言，人的自然尺度实际上规定或决定了造物的尺度，符合人的自然尺度的设计能够更好地让使用者接受和适应（图4-2）。

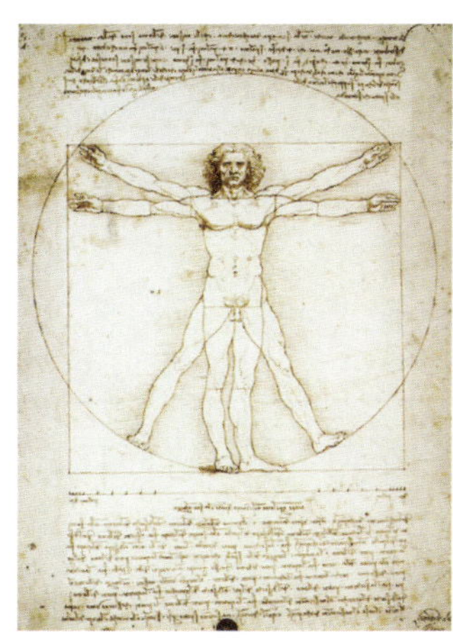

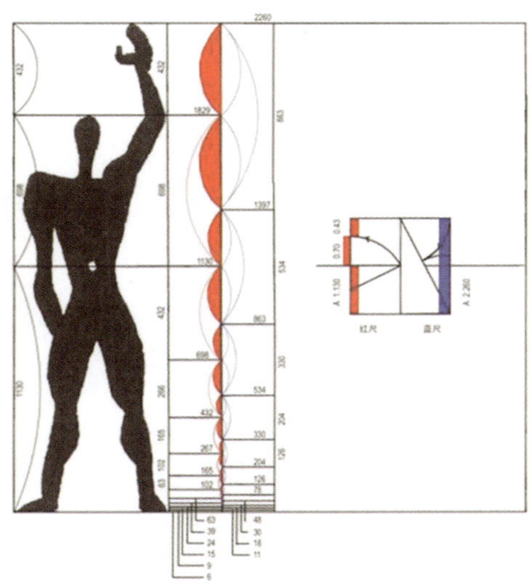

图4-1　达•芬奇绘制的具有黄金比例的完美人体《维特鲁威人》与勒•柯布希耶创造的人体“黄金尺”

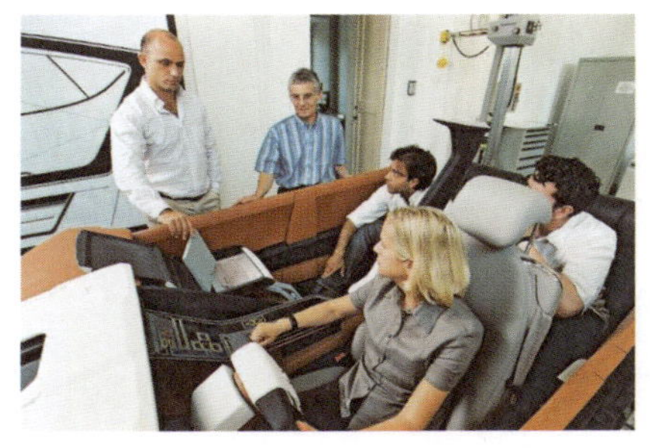

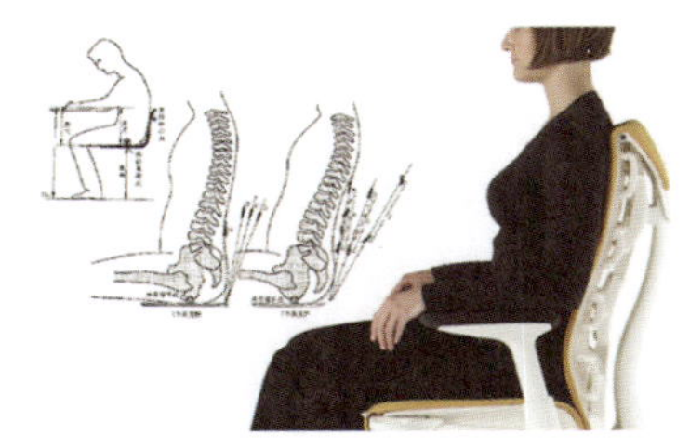

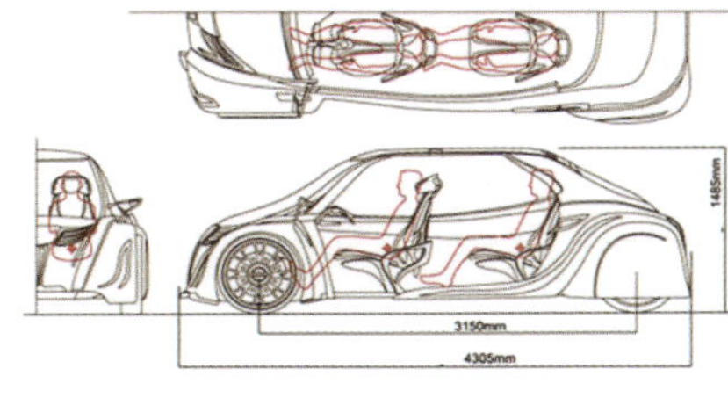

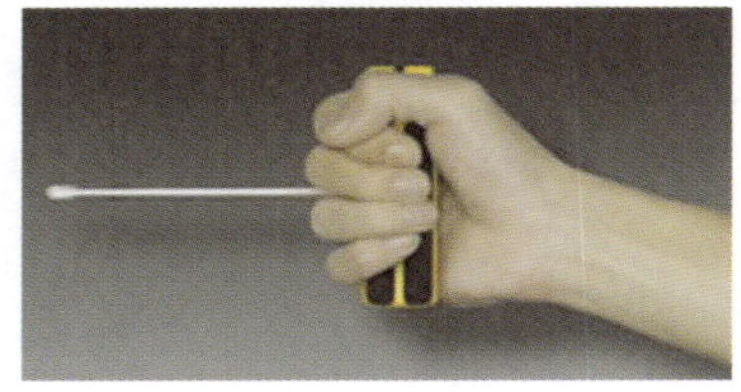

图4-2　从建筑到大大小小的产品，无不以人的尺度作为标准

除了在生理方面的约定，还有在心理方面的约定，通过视觉、听觉、触觉、嗅觉、味觉等各方面的感官感觉，利用心理约定传达事物所要表现的意义。例如，红色给人以警觉，蓝色则可以使人放松；清香的气味让人觉得心旷神怡，而刺鼻的味道则令人厌恶生畏；织物让人觉得亲近舒软，石材使人感到坚硬冰冷……从心理学角度看，一件产品设计要想使消费者注意并能理解、领会、形成巩固的记忆，是和作用于人的眼、耳等感觉器官的产品的形态、色彩以及声音等条件的新奇性特征分不开的。以图4-3所展示的坐具设计为例，设计师利用形态和材料的仿石材视觉质感（一次肌理）使使用者联想到鹅卵石的自然景象，棉布柔软的质地（二次肌理）又让人产生舒适、贴近的感觉，这样孩子们就可以肆意地玩耍、睡觉，似乎让他们回到了那阳光明媚、涓涓细流的大自然的怀抱。

图4-3　产品形态和材质的选择满足了人的心理层面的需求

人的行为方式的约定也是设计中非常重要的一个因素。在人类发展的过程中逐渐形成了许多墨守成规的行为规律，从而使特定的行为与相应的意义之间形成了某种约定。比如，人们见面时要通过肢体语言行各种不同的礼，同辈之间、晚辈与长辈之间、女人与男人之间、下级与上级之间……有很多讲究，吃饭时，在酒桌上座次的位置也有很多学问。中国人讲究“尚礼”，逢年过节，亲朋好友团聚一起，馈赠礼物。古时候，中国人读书时的习惯是按自上而下、从右往左的方式进行，而现代人则是从左到右、自上而下进行阅读。设计产品需要首先研究人的行为方式，掌握人的行为规律和种种约定，将设计传达出的意义准确、顺利地让使用者理解与接受。

4.1.2　环境要素的约定

设计一个好的产品除了要考虑人的约定因素外，同时还要考虑自然条件、技术条件和世界观等多方面的约定。

1. 自然条件的约定

天气、地域等方面因素均属于自然条件。设计时因地制宜才能使产品的实用功能更好地发挥出来，更好地方便受用者。例如北欧国家位于寒带，全年气温较低，为了抵御低温，北欧的房屋墙体设计得比较厚实以加强保温性能，室内家具、装饰也多选用给人以温暖、亲切感觉的木制材料。日本是一个资源较为匮乏的岛国，其产品具有小巧、节省材料、可循环利用的特点。蒙古是一个游牧民族，气候多风沙，他们服装高高的立领和佩戴的帽子也是抵御恶劣条件的一道屏障。由于经常迁徙，蒙古包便作为灵活移动的栖身之所。每一地域、每一民族的环境形态，我们都可以从中发现自然的影子（图4-4）。

图4-4　自然环境的影响在建筑中的体现

而当今的社会，大自然又对我们提出了一个更高的要求，即关爱我们生活的环境。对保护自然的关注在产品设计上表现为绿色设计风格的推崇，强调环境保护、节地、节能和节约资源等生态平衡，追求自然的可持续发展。目前大致有以下几种设计主题和发展趋势：推崇可回收和可循环使用的材料，强调使用材料的经济性，摒弃纯装饰的样式 ，强调简洁与实用；节能和减排；组合设计和循环设计，通过产品的可拆卸性和重组性，增加产品功用，延长产品的使用寿命。

2. 技术条件的约定

对产品设计同样有很大影响的还有技术的因素。一件产品从设计、成型到上市过程中，每个环节都与经济和技术因素息息相关。当今社会是个新材料、新工艺层出不穷的时代，设计师必须会运用新材料、新工艺来设计产品。技术是产品存在与实现的物质保障和手段，也是创新的一个方面。如果追溯一下产品的演变历史就不难发现，每一个历史时期的产品都反映出那个特定时代的科技水平（图4-5）。

a） b）

图4-5 每一历史时期的产品都反映出当时的科技水平

a）以前 b）现在

3. 世界观的约定

世界观属于意识形态范畴，涉及到文化的核心层面。中国人奉行“天人合一”、人与自然和谐相处的哲学思想和造物理念，我们从建筑的外观、选址、布局等环节上都能领略到这种思想的延续。在材料的使用上注重返璞归真、物尽其用。在色彩的运用上大多是清淡素雅，灰墙青瓦与青山绿水、蓝天白云交互辉映，苏州园林就是一个极为典型的例子。而西方古典建筑及园林的构建受到“改造自然”思想的影响，显现出规则、庄严肃穆、与自然泾渭分明、凸显人的意志的形式。透过这些设计符号，反映出东西方文化与意识形态的巨大差异（图4-6）。

a）

b）

图4-6 东西方不同的世界观在园林设计中的不同形式体现

a）东方园林设计 b）西方园林设计

4.1.3 生活方式的约定

生活方式是连接人、社会、环境的纽带，同样对产品设计也具有重要的约定性。中国曾经是世界有名的“自行车王国”，中国人日常出行的代步工具通常选用自行车，所以与自行车相关的产品、设施、服务就相对较多。而欧美国家的“汽车文化”带给他们的是涉及建筑、标识、餐饮、娱乐、道路等一系列相应变化。西方人吃“西餐”，使用刀叉，早上喜欢在床上用餐，与朋友过夜生活，喜欢在浴缸里泡澡……当然，随着信息时代的到来，各个国家和地区的文化也在很快地融合，世界正在变成一个“地球村”。但不能否认，在衣、食、住、行等各个方面，东西方仍存在明显的差异（图4-7）。

图4-7 生活方式是影响产品形式及意义的重要因素

一个产品若要传达出正确的意义，博得使用者的青睐，更好地满足使用者的需求，便需要在设计时全面地考虑到人、环境、生活方式等各方面的约定因素。但是，随着社会的发展，各种约定因素也在不断发展变化，如同符号形式和意义在不断变化一样。所以，设计者需要不断学习和了解把握各种约定，适当地打破原有的约定，以实现产品语义新的形式与内涵，创造新的符号约定。

不同的文化背景导致了人们在价值观、思维方式、行为规范、生活方式等诸多方面的差异。作为设计者应很好地研究和分析这些因素，以便更加准确、有效地设计、传达出符合特定语境下的产品语义。图4-8为平面设计师刘扬运用图形符号，经过抽象与提炼，形象、生动而又准确地表达出东西方文化在诸多领域的差异。

图4-8　东西方文化差异（蓝色代表西方，红色代表东方）

4.2　产品语义的认知

产品的使用过程，其实就是使用者和产品相互交流的过程，也是使用者和设计者的沟通过程。如何通过产品本身的形式与使用者进行交流，正是产品语义学所要研究和解决的一个重要课题。

4.2.1　产品认知功能

认知（Cognition）是指人们获得知识或信息加工的过程，它是人最基本的一个心理过程，包括感觉、知觉、记忆、想象、思维和语言等。认知是一种复杂的生理与心理过程，在这个过程中，人对感官的刺激加以挑选、组合，产生注意、记忆、理解及思考等心理活动，并给予解释成为一种有意义和连贯的图像。人脑接受外界输入的信息，经头脑加工处理，转换成内在的心理活动，进而支配人的行为，这个过程就是信息加工过程，即认知过程。

产品的认知行为之所以会发生，是由于在产品获得可以满足人的某种物质需要的实用功能的同时，它会在人的头脑中与产品的形式产生联系，逐渐形成一种模式。这种模式通过社会的文化机制传承延续下来，成为一种识别、使用和创造与此类似产品的内在尺度。产品的语义认知是指对产品形态语义的领会和掌握，是以理解为核心的形态解读过程。在此过程中，通过产品的形态符号（能指）对使用者的刺激，激发其与自身以往生活经验、记忆或体验相关的某种联系，使产品的意义（所指）被解读、识别且做出相应的反应（图4-9）。

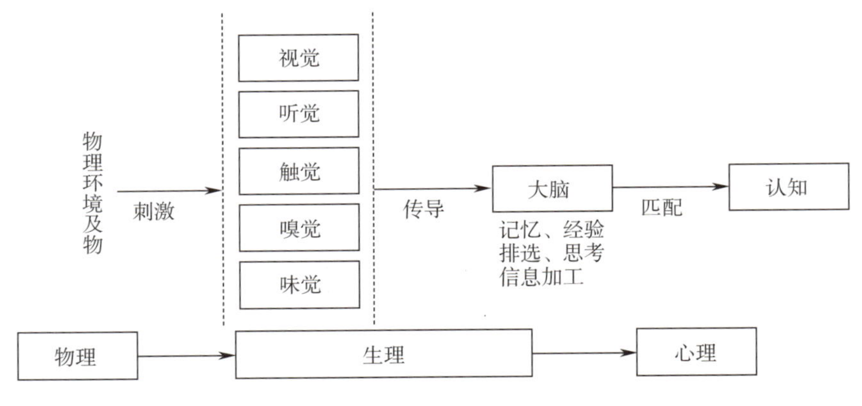

图4-9　认知过程

4.2.2　形态要素与特点

通常我们所理解的产品的“意”往往是通过产品的“型”而获得的。而产品的“型”则可以拆分成点、线、面、体、颜色、材质等多种元素。人们常常通过视觉、触觉把这些元素固定于心理感觉之中来接收语义信息，这样，产品就具有了一定的被使用者认知的功能。以下着重对点、线、面、体作一概述。

1. 点

在几何学上点没有大小和形状，只表示空间中的一个位置。但是，它一旦物质化后便有了大小和形态。当点存在于一个空间内，就在环境物的映衬下产生了一种点的视觉感受。在黑板上画一个小圆，我们的视觉可以接受为一个点，一幢大楼如果在飞机上俯瞰也可以产生点的感觉。两条线相交也可以产生点。通过组织与排序，点可产生聚焦、动态、稳定等视觉感受。在产品的操作界面上，按键、指示灯、标识、散热孔等多以点的形式出现（图4-10）。

图4-10　“点”在产品设计中的运用与体现

2. 线

点的移动轨迹形成线，理论上的线只有长短而无粗细，具有一个维度。线可以分为直线、曲线两大类，其中包括实线和虚线。体的外轮廓都是以线的形式出现，两个相交的面产生线，多个点的有序排列也会产生线的感觉。线可以用来连接、联系、支撑、包围、贯穿或者截断其他的视觉要素，在视觉上可以产生方向、稳定、运动、柔美、刚毅、韵律等视觉感受，具备视觉张力。线在产品中的表现形式非常丰富，准确把握线的视觉特点，可以生动地表达出产品的美感和性格（图4-11）。

图4-11　“线”在设计中的体现

3. 面

线运动的轨迹形成面，具有二个维度。几何学中，面只有面积大小而无厚薄。面分为平面和曲面，曲面又可分成二次曲面、三次曲面和多维曲面。面也有实虚之分，多条线和多个点的有机分布一样可以产生面的感觉，面也是构成体的基本单位。在视觉上，面可以产生围合、平静、倾斜、柔美、刚毅、收缩、扩张、凸、凹等感受（图4-12）。

4. 体

体可以概括描述为：具有三个维度，构成一个完整的空间，其表面由平面或曲面围合而成。产品都是以立体的形式出现，多以几何形体塑造，如球体、锥体、长方体、回转体等。在此基础上，通过加、减、重构、过渡等手段完成对产品形态的塑造。大部分产品都可以经过分析，将其化简成若干简单的几何形体。由于制造技术的进步和产品功能的需要，产品立体表面也趋向复杂和细腻化，有很多产品形体采用自然界中的动物和植物形态作为造型元素。立体可以表现出实与虚、稳定与动感、柔和与硬朗、厚重与轻灵等视觉感受（图4-13）。

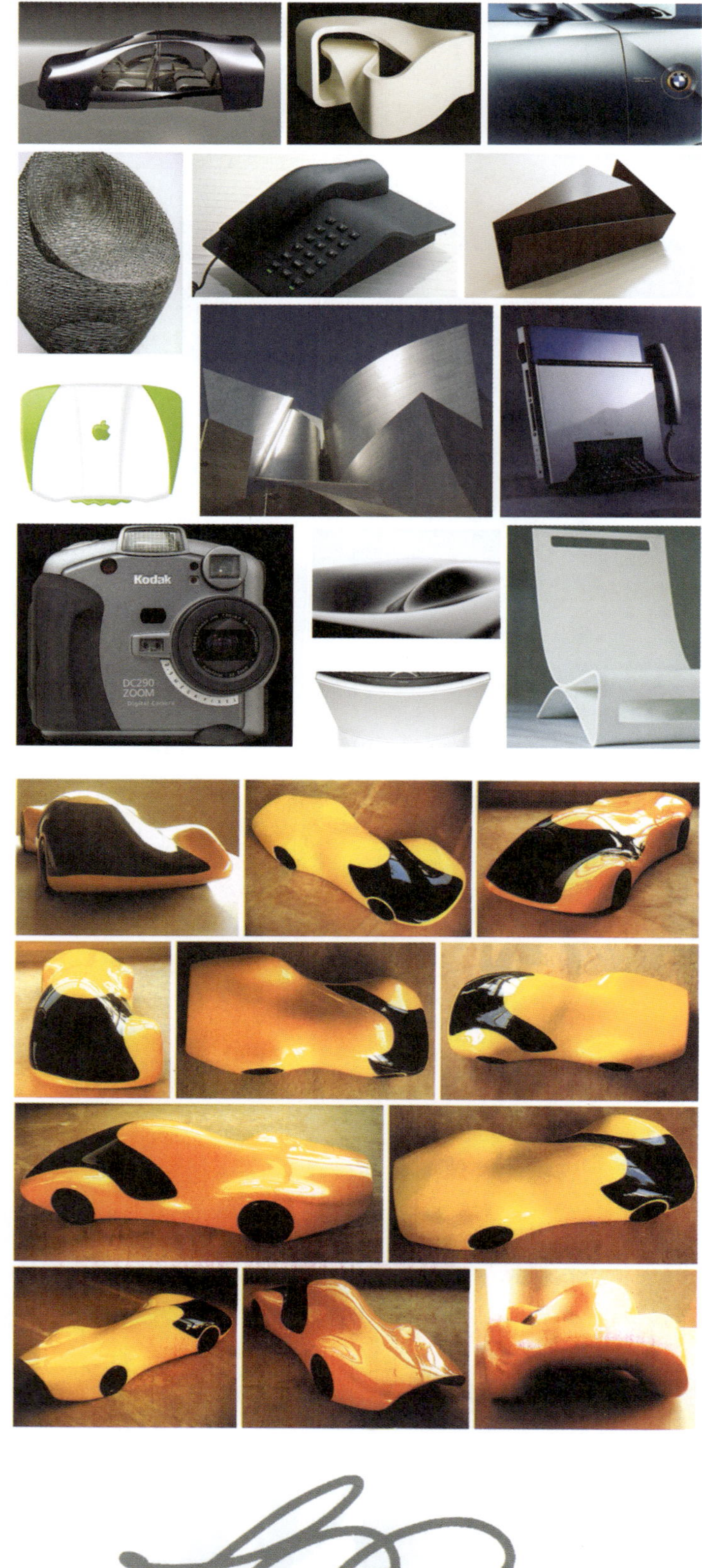

图4-12　“面”在设计中的运用（下部为德国著名设计师路易吉•克拉尼对车体表面的推敲与体现）

图4-13　“体”在产品中的呈现形式

根据完形心理学（也称做格式塔心理学，Gestalt Psychology）研究，人们天生对某些图形符号具有普遍的感知能力，也叫做先天性符码，它与人们所处的社会文化背景无关。这些研究成果很多已被应用在视觉设计中。完形心理学家概括了几点关于知觉组织的基本和普遍原则，诸如“接近”、“类似”、“连续性”、“封闭”、“缩小”和“对称”等。所有这些知觉组织原则都服从于简约合宜的原则，也从另一个侧面反映出令人愉快的视觉符号总是简约明了，模棱两可的图形很可能与预想的结果完全相反。所以，准确运用这些先天性符码，可以很好地使产品的特定语义得以有效传达。

人类先天性符码体现了其共性，但同时，后天性符码（文化学符码）却是体现文化和个性差异的主要因素，也是体现人类社会丰富多样性的根本。通过这些文化符码可以区别不同的人群、不同的习俗和不同的意识形态。文化符码的知觉属性是通过习得而不是先天的，它们在我们生命的早期形成，就像阅读方式或者观察方式一样，有时很容易误解为自然形成而非习得。可以说，由于文化符码的形成特点，造成了今天设计的复杂性和多样性，这些都与符号的任意性和强制性（制度性）有关。比如，House、Maison及Case在英语、法语和意大利语中都表示可供人类居住的有形之物，但它们只有在各自的社会文化背景下才能获得约定俗成的意义。对于产品设计而言，如果把技术的、机能的物质属性含义看做是一元的，它有着较为确定的识别和评判标准，那么，产品的文化维度则是多元的，它是人类生活丰富性的基础。

4.2.3 使用者如何认知产品

对于使用者如何认知产品，皮尔斯曾说过“一个产品（符号）对于某人的意义存在于他对这个产品（符号）所产生的反应之中，即一个产品（符号）可以引起一个解释者产生某种态度或行为方式。”而对于一个新产品的认知通常需要一个消化和接受的阶段，通过必要的操作动作和行为方式来对一个产品的外观、感觉和功能进行调整适应，需要花费一定的时间。产品语义学的目的就是通过设计缩短使用者对产品的认知过程，使之更加有效和直接。克利本多夫和布特两个人也提出了语义理解的四个阶段：

1）产品识别——使用者通过对相关视觉暗示的解读来判断产品的类型。

2）操作判别——使用者在各种成功或者失败的层面操作产品（或者改变操作）并且观测这些行为的反馈。

3）形式探求——使用者通过使用来掌握产品的工作原理，并可能设想出新的应用方式。

4）文脉认同——将个性趣味、社会特征和美学价值等具体文脉（特定的语境）因素，结合其他一些与产品有关联的描述和安排进行解读。从图4-14可以看出，产品语义的传达是有着不同层级的区别与要求。

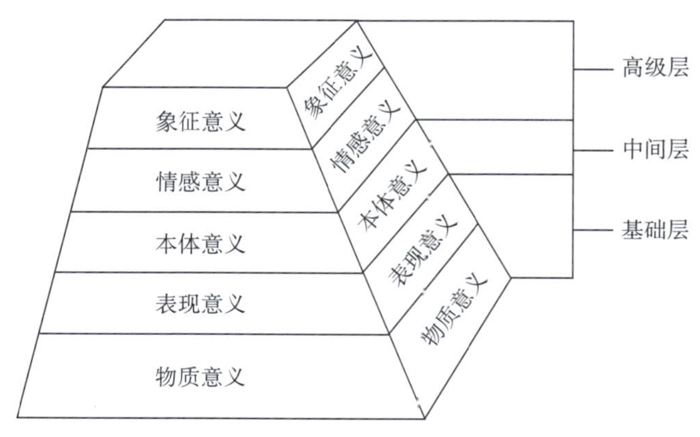

图4-14 产品语义传达的层级

由此可见，产品语义传达和消费者的认知是一个复杂动态的过程，需要许多因素的介入。产品传达出的信息应该易于使用者接受和理解。这些信息应该能使使用者从一贯的经验（符号储备）中取得相关的共鸣。通常的经验中，当人们看到一个物体，往往会从它的形状来考虑其功能或者动作含义。一般来说，产品的外观可以向使用者提供关于产品的固定方式、安置方式、物与物相对位置方面的信息；可以向使用者提供关于当前工作状态方面的信息；可以提示使用者正确的操作方法和操作步骤（图4-15、图4-16）。所以，产品语义的认知与理解，必须建立在对使用者所处的社会环境、文化背景、知识体系和生活经验等因素的全面把握与分析之上。

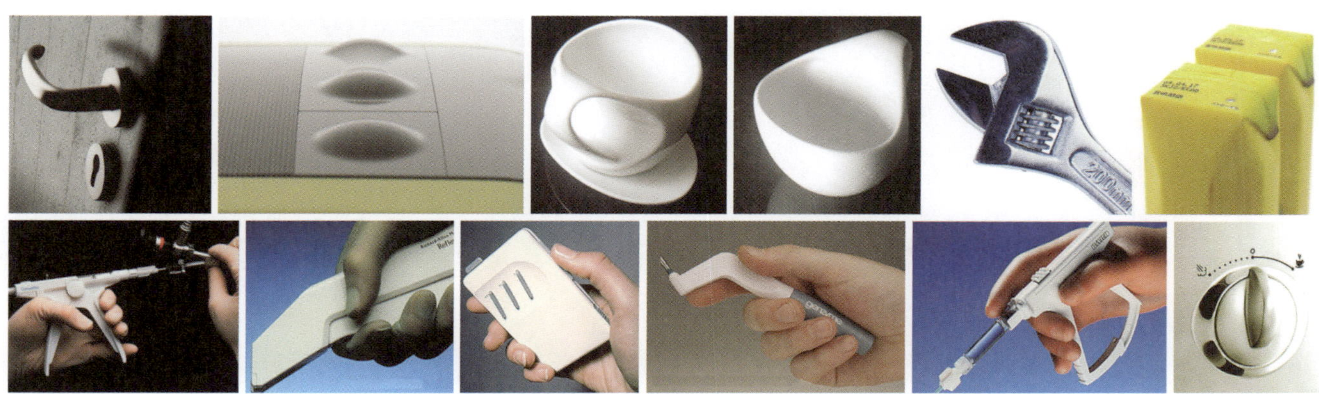

图4-15　根据产品的形态提示及生活经验，使用者解读产品如何操作

图4-16　形成模式化的操控方式被设计在不同的产品上，符合消费者的认知习惯

4.2.4　使用者心理模型和产品语义实现的条件

先来看图4-17所示情形，当你需要使用钥匙打开门时，你的习惯认为钥匙顺时针旋转时开锁还是逆时针时开锁？或许是受到古老门闩开启方式的影响，或许就是我们与生俱来的认知习惯，经过调查发现，几乎90%以上的受测者都习惯顺时针方向是钥匙开锁的方向。但目前仍有不少锁具在制造或安装时违背了我们的这种习惯，将开锁方向设置成逆时针方向。那么，我们普遍认为的这种开锁模式就叫做用户心理模型。

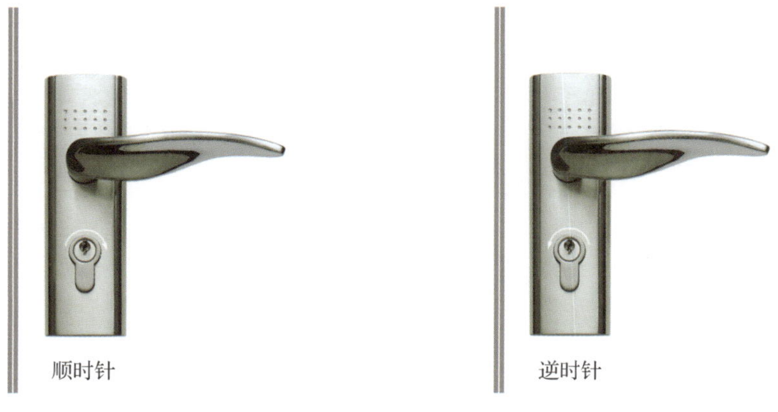

图4-17　开锁的心理模型测试

Donald A. Norman在他的《The Design of Everyday Things》一书中首次提出了心理模型、实现模型和系统模型这三个概念及其关系。他引入了两个基本原则来帮助使用者构造这一心理模型：①提供一个好的心理模型；②使事物易于观察。心理模型是存在于用户头脑中的关于一个产品应该具有的概念和行为的知识。这种知识可能来源于用户以前使用类似产品的经验，或者是用户根据使用该产品要达到的目标而对产品的概念和行为的一种期望。实现模型是产品的内部结构和工作原理，它存在于产品设计人员的头脑中。系统模型是指产品的最终外观以及产品呈现给用户后，用户通过观看或使用后而形成的关于产品如何使用和工作的知识。

从以上的定义不难看出，心理模型中的概念和行为是完全属于用户的问题领域或任务领域的，而实现模型则位于技术解决方案领域。一般来说，这两者有很大区别，并且越是复杂的产品，差别越大。因为是位于问题或任务领域，心理模型是产品设计人员无法轻易改变的，而实现模型则依赖于当时的技术水平，在一定时期内也很难有大的变化，唯有系统模型具有极大的可塑性，这正是产品设计师可以通过努力来改变的。可以认为，系统模型总是分布于心理模型和实现模型这两者之间的某一点。系统模型越是接近心理模型，用户需要学习和记忆产品如何使用的地方就越少，这是因为实际的产品和用户期望的很接近，这样的产品就很容易使用。反之，如果系统模型接近实现模型，则用户需要把期望中的一些概念和行为映射到系统模型中表现出来的一些界面元素和执行操作上。这种映射在认知心理学上就表现为一种记忆负担，而正是记忆负担使人们觉得产品难以使用。实现模型-系统模型-心理模型之间的关系如图4-18所示。

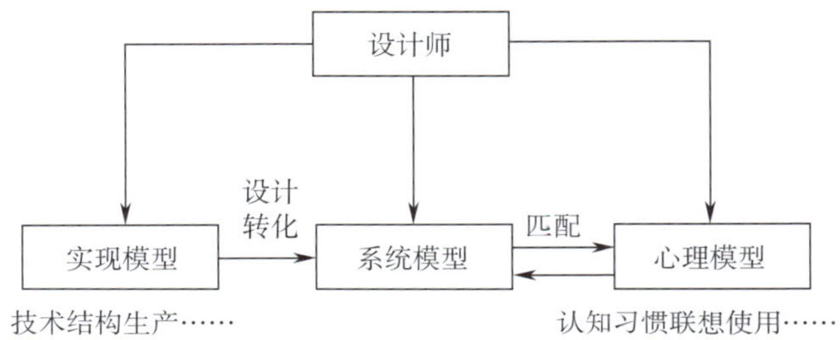

图4-18　实现模型-系统模型-心理模型之间的关系

大多数使用者往往通过试错法来解决产品的使用问题，或者是通过阅读产品说明书。然而，设计者可以从语义学角度通过产品形态来传达这些信息。由设计语言产生的角度看，设计者是通过一种知识库以协助了解使用者与产品的互动作用，并辅助设计决策。这个知识库包括以下几个方面的内容：

（1）环境（Environment）　牵涉到人行为所在的情景，即使用情景或称“语境”（context）。

（2）隐喻（Metaphor）　人在学习新的事物时，往往利用以往学到的知识、经验等，更有效地学习对新环境的认识，也就是所谓的“隐喻理解”。

（3）自我说明（Self-Evidence）　一个富于意义的环境提供信息给使用者，告知他在哪个环境中何种行动可安全而有效地执行，这类信息反映出人与环境间的交互关系。

（4）定型（Stereotypes）　指行为或思想的固定形态，引导使用者对产品如何操作、对事物意义的期望。

（5）协调一致性（Congruence）　反映产品与使用者之间的关系，使用者充分了解机器的机能和结构原理，而机器应该是充分考虑使用者信息处理能力而设计的，两者须彼此参照、紧密配合。

（6）投射扫描（Mapping）　使用者在最初使用产品时，需要熟悉机器产品各部件组成之间的组织形态和机能关系，这个过程类似于在一个陌生城市寻找路线。

（7）多感编码（Multimodal Coding）　人通过眼、耳、口、鼻、手等感官接受事物的信息，往往环境或者事物所显现的感知信息可同时通过视觉、听觉和感觉重复接受。

（8）个人差异（User Differences）　人与人之间彼此在身体、器官、认知等方面都有差异。习惯上，设计者将产品设计成适应一般大众使用者的范围，但也有些特殊产品。

（9）动机激励（Motivation）　牵涉到人的行为影响产品的原因或理由。

对于一个产品，使用者解读其语义的过程已经不只是被动地接受设计师的意图，而是建立在一定的心理期望之上的主动过程。使用者通过解读他们周围的暗示（如特定的文化背景、群体的反应习惯等因素）来建构产品的认知模型，并且通过探究和开始理解产品的特征时，这一心理模型便日益精致和扩张，可能随时在原有的视觉印象基础上产生新的感觉。

产品的外部形态实际上就是一系列视觉符号的传达，产品形态设计的实质也就是对各种造型符号进行编码，综合产品的形态、色彩、肌理等视觉要素，表达产品的实际功能，说明产品的特征。产品造型符号具有一般符号的基本性质，通过对使用者的刺激，激发其与自身以往的生活经验或行为体会相关联的某种联想，诱导其行为，使产品易懂。最理想的情况是，用户甚至没意识到自己在使用产品，产品已变成用户思维的自然延伸。这样能最大程度地减少犯错几率，并使得用户使用产品的过程非常顺畅、自然，产品变成像手脚一般随心所欲。设计的终极目标，应该是不需要任何使用说明便可变成用户的“手脚”的产品。因此，有很多习以为常的产品，都还存有巨大的改进空间。

了解使用者如何接纳陌生产品，这对产品语义设计与表达是至关重要的。Friedlaender是这样描述从产品中理解其内涵的过程：“我们的第一反映……是依赖于我们的知识的产物，取决于社会和文化影响。我们的第二反映……是感性的，我们依据过去的联想和预先的经验来解读它的含义。” 设计师需要理解人们喜欢用何种方式与产品进行沟通，并研究产品语义如何符合用户的“价值和意义系统”，勾起用户的“情感和回忆”，在此之后才能“有的放矢”地提出合理的解决方案。在具体工作中可以从产品的“可视性与反馈”、“用户的行为模型”以及“自然匹配原则”等方面进行产品语义的评价研究。设计师应该有责任成为产品体验的策划者，协调科技和人们生活之间的和谐互动，利用使用者熟悉的感受和本能反应来进行产品设计，让人们在信息时代也能找到与以往生活类似的体验。

必须强调的是，设计者与使用者的交流并不是线性的（例如通过产品说明书），而是非线性的、循环的、互动的。使用者通过解读产品自身的线索来建立一个虚拟产品的心理模型。起初，这一心理模型是建立在视觉印象之上的。随着人们对产品特性的发现和逐步了解，这一心理模型将日益扩大、全面、深入；同时，推动最初的视觉印象更新、发展。产品形态造就了一系列使用者的心理预期，这些预期将与产品中的其他元素、同类的先期产品和产品语义风格密切相关。忽视这些预期，产品语义的理解将会与使用者背道而驰。通过产品的语义分析，设计师可以获悉使用者心理模型的感官细节和生成环境，并努力去提高确定使用者初始心理模型的方法的精确性，直到产品传达出其是什么及如何用，甚至更多。当然，这些都来自于设计者所设计的合乎使用者预期的视觉元素和线索。

如何实现产品语义的准确传达，依赖于设计师对产品物质功能的细致研究和对精神功能的正确理解。设计师不仅仅是形式的创造者，更重要的是信息的传送者，产品形态是满载信息的传达媒介。布劳恩公司著名设计师拉姆斯认为，产品造型的根据是技术进步和社会文化价值。许多传统物件（如自来水笔等）由于有长期的学习和体验，自其诞生之日起就一直沿用的造型能够充分解释本身的功能，不易使人产生认知及操作上的错误。然而，由于产品的微电子化、集成化、智能化的发展趋势，使现代高科技产品的信息含量越来越多，产品造型依附于传统形式的程度却越来越小，使用者须透过一定的设定模式（即造型符号）的引导来执行产品的机能。这就需要设计师在了解产品的新技术之后，借用人们的日常生活经验，引入产品语义将其视觉化，把技术语言以恰当的方式传达给使用者，使人们对新产品感到亲切和容易接受。

图4-19　电子邮件笔

墨水笔曾与人类19世纪的生活紧密相联，而如今它已经被赋予了21世纪的新生命。电子邮件笔（图4-19）是剑桥顾问有限公司（Cambridge Consulants Limited）最新推出的概念产品。它以一个全新的视角，结合新兴的数码科技和工业设计技术，赋予了普通物品一项不可思议的功能。电子邮件笔可以让使用者在家中没有个人电脑的情况下读取电子邮件。这种电子邮件笔的使用就像其他的普通笔一样，电子邮件笔可以将手写信息转化成为数码数据，并且在屏幕上显示出来。通过扭动笔的顶部，可选择相应的E-mail地址。用户只要按动一个键，信息就可以被发送出去。借助于蓝牙技术，数据被传送到了笔的“墨水盒”底座中进行处理，然后再通过陆上线路或者GSM传递到接收方。电子邮件笔的设计是通信技术发展的新成果，这是一个利用新技术而又充分考虑到使用者使用习惯的成功设计。

4.3　设计信息的传达

所有的语言（包括所有符号系统）首先是作为一种传达手段而出现的。发出信息与接受信息的过程就是信息传达的过程，人们说话、写文章、做事情，就是在进行信息的传达与交流。在人类社会中，传达与交流每时每刻都在进行着。没有信息的传达与交流，也就没有社会，人类将无法生存下去。

4.3.1　产品——作为意义传达的载体

人与人之间的交流要通过语言来沟通，物（产品）与人之间的沟通是通过物的功能及形态等因素来进行。产品的功能存在于一定形态之中，形态的构成要素是由点、线、面、体、结构、材质、色彩等元素有机组合而成，它可以表现出特定的意义和性格。比如稳定、动感、韵律、柔美、硬朗、亲切、安全、危险、按压、旋转、推拉等情感与提示的信息，对于一个出色的设计可以赋予产品以灵魂。人们在使用产品过程中，由这些构成产品的形态要素散发出信息，产生直观的感受以及联想、情感等生理和心理的反应。在产品开发过程中，从委托方、设计师、制造商和消费者而言，产品被赋予不同的意义，它是传递信息、表达意义的符号载体（图4-20）。

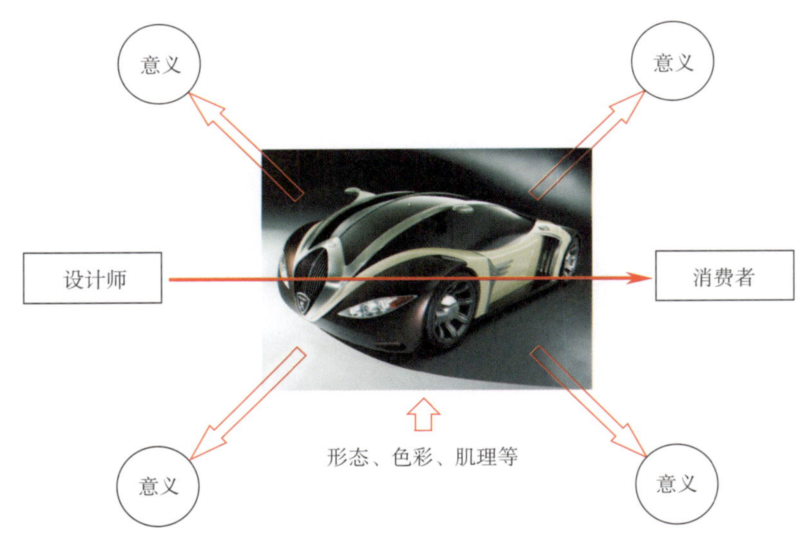

图4-20　产品——作为意义传达的载体

产品作为一种符号，可以通过外在的形式传达其本身的意义，因此产品语义学运用语言符号的特点，通过类比、暗喻、象征等手段，使设计师能够主动建构起自明性强、易于理解的产品界面。通过产品形态的符号特性，使用者可以了解设计师试图传达的意义——是何物、具有何种具体功能、如何操作、意味如何等。

因此，符号、载体、意义和传达、沟通已成为当今设计的关键词语，工业设计师将扮演创造新符号来诠释和传达意义的重要角色。

4.3.2 传达的概念与过程

“传达”一词译自英文的Communication，它还可以译为传播、通信、交换、交流、交通等，各种翻译在概念上都有很大的相互覆盖。譬如传播，其本质还是传达，只不过它明确规定了是向众多接受者的传达。美国社会学家库利曾对传播做出定义：传播是人与人关系赖以成立和发展的机制，包括一切精神象征及其在空间中得到传播、在时间中得到保存的手段。皮尔斯则是这样解释传播的：传播即观念或意义（精神内容）的传递过程。传播不是以收信人接受了广义的信息为终了，而是以收、发信人双方共同皆被这一广义信息的驱动作为结束。换句话讲，传播就是收、发信人双方的一种互动，而且有时还可以导致逆向信息的传播，形成交流。

1948年，哈罗德·拉斯韦尔（Harold Lasswell）在《社会传播的构造与功能》一文中，提出了传播过程的“5W”模式（图4-21），即：谁（Who）、说了什么（ Says What）、通过什么渠道（In Which Channel）、对谁（To Whom ）、取得了什么效果（ With What Effect）。拉斯韦尔的“5W”模式对传播过程进行了简明的概括，提出了传播过程的五个要素，即传播者、信息、媒介、受传者和效果（包括反馈和功能）。从本质上讲，传达也符合同样的模式。

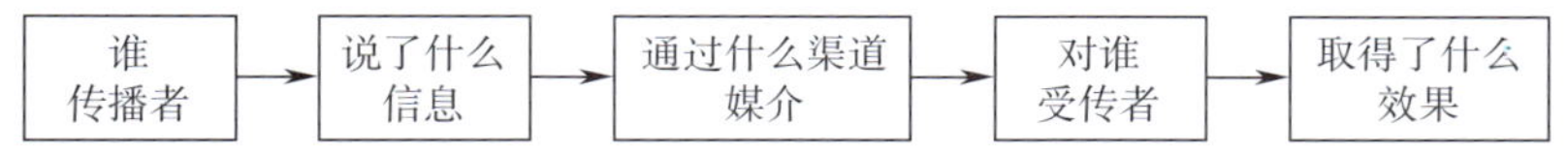

图4-21 哈罗德·拉斯韦尔提出传播过程的“5W”模式

符号信息的发送与接收，即“编码”与“解码”是传达过程中非常重要的环节。编码是用一系列特定符号来表达将要识别的信息，而解码正是相对应的一个信息还原过程，即是从表达到理解的过程，也是符号信息传达的过程（图4-22）。传达者（编码者）将信息符号化，以符号的形式呈现给受传者，该过程就是编码的过程。设计师塑造产品形态的过程，就是一个符号化的编码过程。他需要对产品各个层面的语义，依照形式语言进行创造。一定的形式符号与一定的信息相联系，编码规则根据某个区域人们的约定而成，一般不能随意改变。就像语言一样，中文必须依照汉语的法则进行书写，特定的受众才能理解文章的意义。编码规则具有民族约定性、行业约定性、地域约定性和时代约定性。

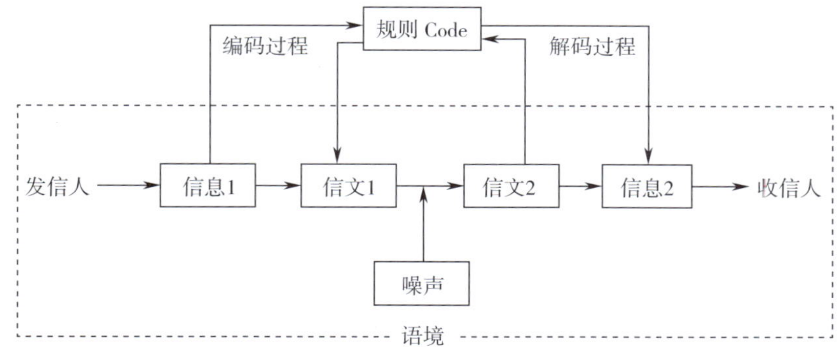

图4-22 符号信息传达的过程

与编码过程相对应，解码（也称破译）过程是受传者把符号形式（能指）还原为信息（所指）的过程。受传者需要在约定的编码规则基础上进行识别、联想和推理，从而做出判断和符号解释。从产品语义设计的角度讲，使用者是通过产品形体、构造、尺度、位置、色彩（色相、亮度、饱和度）等视觉要素（图4-23），音量（响度）音调（频率）、时间间隔等听觉要素，温度、压力、材质、肌理、硬度、柔软度等触觉要素，动作、方向等知觉要素，嗅觉以及肢体感觉等来获取含义。

图4-23　利用人对光线的自然生理感应设计的概念“枕头闹钟”

由于受传者在心理、地域、文化等方面存在一定的差异，因此，对于符号的解码不会是唯一的结果，会产生多解、曲解甚至是误解。另外，编码与解码的过程是在一定的符号情境中进行的，符号情境也称“语境”（Context），包括一切影响符号使用过程中的主客观因素，如时间、地点、个性、心理等。关于语境的内容将在下一章作详细阐述。

设计师是信息的发起者和制造者（编码者），他需要运用符码规则将产品的信息（机能、操作、审美、象征等）以产品造型（包括色彩、肌理）的方式传达给使用者（解码者）。为了减少信息在发送过程中的偏差，设计师应充分考虑在不同的符号情境下，如何运用一定的规则，针对使用者（受传者）以往的经验、好恶、文化背景及时代背景等因素，将产品信息有效、畅通地传达出去。设计者可以通过产品造型、材料的强烈对比、以线条等为手段的方向定位以及功能性元素（如按钮）之间的特殊关系等传达产品的层次、顺序、关联等；通过表面的形状、质地、颜色、比例与关系、空间与速度、联合与分解来引导产品使用，凸显、鼓励那些频繁操作的部分，而隐藏、阻碍易被误操作的部分（例如计算机上的重新启动键）。

在适当的情况下吸引使用者的注意力、明显化其自由程度、暗示行为的相应结果，这是确保设计者在传达产品语义时获得成功的三个重要目标。特别是对于那些创新型产品而言，并不存在既定的对于其目的或使用方法的理解或心理预期，产品语义的有效传达有助于技术的人性化。

4.3.3　语义传达的类型

在语义的传达中，从编码和解码的方式来看传达被分为三大类型：规则依存型、语境依存型和共存型（图4-24）。

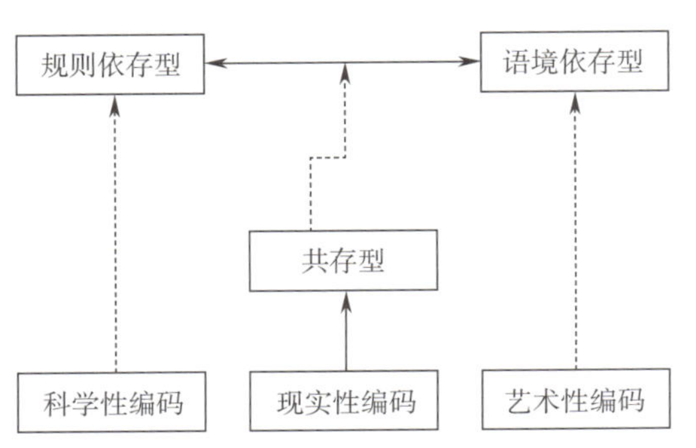

图4-24　语义传达的三种类型

（1）规则依存型　一种理想状态下的传达类

型，不论编码过程还是解码过程，对符号的表示完全取决于固有的规律，对信文的构成也完全依赖于固有的规则以及依赖固有规则对信息进行重构，这是科学信文中常见的传达类型。而在这种传达过程中，传达的信息完全取决于发信者，而收信者则没有任何自主解释信文含义的自由，比如计算机程序语言。

（2）语境依存型　信息的重建完全依赖于语境，传达了何种信息完全取决于收信者根据语境对其进行的诠释，发信者在信文发出后则再也无法左右收信者的解释结果了。这是艺术信文所常见的“传达”类型，所以把实现这种“传达”所遵循的编码规则称为艺术性编码，或称为诗学编码。比如一切艺术形式，特别是各种现代流派的前卫艺术。

（3）共存型　在现实的传达过程中，上述两种传达类型是很难实现的，几乎都是二者形式共存的传达类型。在一切现实性的共存型传达中，不是收、发信者没有完全掌握共同的规则，就是传达者所遵循的是不为受传者所知的规则，或是编码过程中出现逸出固有的规则，或者是媒介有大量噪声的现象等，都会产生信息对编码规则不同程度的偏离。根据对规则（Code）的偏离程度，就决定了该传达系统更接近于规则依存型的传达，还是更接近于语境依存型的传达。产品语义的传达属于共存型的传达方式，但对语境的依赖程度会更高。这也从另一个侧面说明了产品设计的特性，它是技术与艺术、理性与感性的融合。

4.4　产品语言的局限性

产品作为一种图形语言，它与文字语言有共同之处，即两者都具有“传情达意”的作用，是传递信息的媒介，起到将传达者头脑中抽象的思维传递到受众头脑中的作用。但两者又存在着明显的差别：汉文字语言，经过了几千年的演变，经过无数次的修改进化，才由最原始的象形文字过渡到今天的汉字，它有相对固定的字、词、构词法和语法，善于表达抽象复杂的事物和逻辑关系，可依赖视觉和听觉来传播；产品语义学研究的是图形语言，没有固定的字、词、构词法和语法，如果将单个的图形或形态代表的符号作为产品语义的字和词，那么符号又会因不同地域、不同人群得出不同的意义解读，这是产品符号的一个显著特征，也是设计师无法回避的一个现实。

产品所表达的意义是对各种造型符号进行整合，综合产品的形态、颜色、肌理等视觉要素来表达产品的实际功能，说明产品的特征、寓意，使产品成为传达信息、表达意义的符号载体。而在其语义的沟通传达过程中，从委托者、设计师、生产者到使用者，相对于不同的主体，产品可能被赋予不同的意义。这样就会由于符号意义的多样性和不确定性从而导致人们对其理解的过程中会产生偏差，也就产生了所谓的意义的变形。

以色彩为例，红色对于中国人来说是一个喜庆的颜色，只要有高兴的事情就大多用到红色，如红灯笼、红爆竹、红春联、红腰带、新娘子的红盖头等，都会选择红色作为主色调。在中国文化中，红色象征了热烈、吉祥和红红火火之意。但是在一些西方国家，红色被视为血腥的代表，大面积使用红色会使他们感到厌恶、排斥。还有，龙的形象在中国人眼中是力量、吉祥与智慧的象征，中国人将自己称为“龙的传人”。但在西方文化中，龙则是邪恶的化身。再比如，对“6”这个数字的表达与理解上，中国人同时伸出一只手的大拇指和小拇指就可以表现出来，“6”还有“顺”的内涵在其中。如果对一个不懂中国文化的外国人同时竖起大拇指和小拇指，对方一定不明其中缘由，更谈不上对其内涵的理解。当然，前面的例子都是列举不同国度的文化差异造成的对意义的不同理解，即使在同样文化背景下，对同一种色彩、同一种线条意义的理解也存在一定的偏差。

另外，在传播过程中是有噪声干扰的，因此传播的效果不一定能够按预期的实现，会发生走形、失真，导致传播失败。在生活中，即使在语言的传达过程中，我们也会时常由于噪声的干扰而“误解”对方的真实意图。对于产品符号这种图像性“语言”，产生意义的理解偏差便不足为奇。通常意义在传达过程中发生变形有以下几个原因：

（1）意义传达中的衍生现象　也就是意义传达过程中受众理解形成的意义超过了设计者所要传达的意义。

（2）意义传达过程中的理解不足现象　就是受众所获得的意义小于设计者所要传达的意义。而这种情况的发生，往往是因为设计者所要表达出的意义超出了受众理解的范围。

（3）意义传达中的误解　即受众所理解出的意义和设计者所要表达的意义不同。

从上面三点可以看出，意义的变形过程就存在于意义传达的过程中。由于意义的能指和所指都是人为约定的，因此具有不确定性和任意性。虽然设计者一直都在努力使其传达给受众一个完全而明确的意义，但是在意义传达的过程中却存在着一个难以跨越的鸿沟——意义传达的极限。这个极限表现在：

第一，设计者的解释和其所表达的时间之间存在着间距。正如德里达所发现的一样，在空间和时间上受众的对象性话语不能完全彻底地和对象自身完全一致，从而给意义的传达带来了消极的影响。从符号的角度上说就是，符号在空间上的离散和时间上的延滞，造成了自身表意功能的局限。

第二，设计者和设计符号之间也存在着间距，从而使设计符号相对独立于设计者而获得某种自主性，最终导致了设计者自己的设计符号与自己的设计意图相互冲突、矛盾。设计符号脱离了设计者的控制，意义的传达也便随之发生变化，设计者的本意被掩盖，能指的衍生意义喧宾夺主成为传达的主体。所以，能指的相对独立性也成为了一个传达中的极限。

第三，正如解释的可能性是多种多样的一样，理解的可能性也是多种多样的。由于受众在经历、文化背景等方面存在着差异，而且语言本身的“任意性”使理解者对设计者所制作的“文本”的理解是多义的（比如人们对色彩的感受，见表4-2）。依附于不同歧义性理解的意义传达，是无法还原到设计者心理层面上的。由此看来，理解本身就是意义传达的极限。

表4-2　对色彩的不同心理感受与联想

色名	抽象联想		象征意义		产生的心理感觉
	青年	老年	褒义	贬义	
红	热情、革命	热情、吉祥	活力、光辉、积极、刚强、欢乐、喜庆、胜利	危险、灾难、爆炸、愤怒	兴奋、引起注意、产生紧张感
黄	明快、希望、泼辣、温柔、纯净、轻快、甜美	光明、明快、轻薄、丰硕	光明、富有、忠义、高贵、豪华、威严	枯败、没落、颓废	丰硕感、香酥感，也给人以病态
蓝	无限、理想、永恒、理智	冷淡、薄情、平静、悠远	宁静、深远、和平、希望、诚实、善良	悲凉、贫寒、凄凉	具有平静安详的感觉
黑	死亡、刚健、悲哀、坚实	严肃、阴郁、绝望、死亡	庄严、肃穆、沉重、坚固	绝望、死亡	
白	清洁、纯洁、神圣	洁白、神秘、衰亡	朴素、纯真、高雅、光明、真实、洁净	寒冷、苍老、衰亡	

最后，受众与其自身的间距，也构成了意义传达中的一个极限。受众理解设计者创造的“文本”，实质便是通过“文本”理解自己本身，任何理解都是自我理解。理解的这种主观性和理解的初衷则是矛盾的。理解本身是为了回归到“文本”，但是受众却不得不从自己的所在出发。

虽然意义传达中存在极限，导致其理解上的偏差，使得意义不能实现百分之百的传达，但正因为人们不断努力突破这些极限，它们反而成了意义传达过程中不可缺少的动因。

第5章 产品语义学在设计中的运用

本章通过实例重点阐述了语境对产品语义设计和传达的影响，指出了语义学视角下对产品设计程序的理解和运用。本章着重介绍了运用修辞手段对产品语义的设计与思维过程，分别对常见的几种主要修辞方法进行了介绍和案例说明。修辞是设计师获得设计创意的一种重要的思维方式，修辞可以帮助我们将符号的关联性最大限度地展开，以求得众多的设计源点。

本章关键词： 语境，说服，程序，修辞，关联

5.1 产品使用情景——语境

事物存在于社会用途的语境和现存的文化之中。当语境消失，事物将被孤立于博物馆之中，在临床上已经死亡。

——格特·泽勒，1997年

从语言学上看，语境（Context）即语言环境，也是符号的使用情境。人们在说话时，总有一定的听众对象，总有一定的时间、地点、场合，总有一定的题旨情趣，还有谈话的上下文。这些与说话人自身的身份、思想、修养、性格、职业、心境结合起来，就构成语境。语境包括大至社会环境，小至上下文的一系列因素。

语境这一概念最早由英国人类学家B. Malinowski在1923年提出，他区分出两类语境，一类是“情景语境”，另一类是“文化语境”。任何言语行为都以一定语境为条件，要真正理解别人的意思，必须考虑语境因素。因为言语交际是一个说与听双方共同参与的互动过程。所以，语境对语言生成、语言理解都有制约作用。言语行为只有同语境结合，才能成为使用的言语，否则只是抽象的表达式。一个词汇或一个句子的意义独立存在时，其意义是有限的、不明确的，需要依据所在的整个段落、整篇文章的意义而决定。例如，“明天她去那里”这句话，如果缺乏具体的语境，“明天”是哪一天，“她”指谁，“那里”指什么地方，这些都是无法确定的，所以这个句子的意义也只是概括的、一般的意义。当语言片断进入交际领域后，就和具体语境结合在一起，这时所表达的就是具体的意义了。如“明天她去那里”这句话，各个成分在具体的语境里，所指都是很明确的。这时句子所表达的意义便是一般与特殊、抽象与具体的统一。同样一个词、一句话，在不同的段落、不同的文章中就有着不同的意义，这就是“共时的”语境法则。此外，还有“历时的”语境法则，指那些成语典故、寓言，需要与它们的历史背景相联系方能解释清楚其真正意义。

产品作为一种信息的载体，需要通过其外在的形态、色彩、肌理等视觉要素传递信息。像语言一样，无论在设计师的设计（编码）过程，还是消费者的使用（解码）过程，产品自身意义的附加与传播都要依赖于语境的制约和关联。在设计中，我们经常要问：产品为谁而设计？在什么时间？什么地点？人的行为如何？等等。这一系列的制约因素，如果从产品语义学的角度来看，正是语言符号所说的语境问题，只不过我们对设计的理解与视角发生了变化。从图5-1～图5-7的例子中可以看到，产品的符号形式及意义的确立与获得（编码与解码过程）必须依赖于特定语境的制约与关联。

不同的对象、不同的时间、不同的地点产生了不同的功能与方式，玩具的形态语义确立于多种语境的限定条件之下（图5-1）。

图5-1　玩具设计

一杯咖啡或者一杯清茶，是老朋友见面时待客的好选择。在自然清新的环境下，“茶杯”座椅鲜明的符号特征，传递出了特定语境下的语义内涵（图5-2）。

图5-2　“茶杯”座椅

在特定环境下，对人的行为分析尤为重要。在很多时候，设计师在设计前应该首先想到的是人的行为，而“物”的形态的出现则是基于满足这种行为的塑造（图5-3）。

图5-3 坐具设计

图5-4 SONY摄像机

SONY公司研发的造型语义性很强的摄像机（图5-4），充分体现了在不同的环境条件下，摄影师可能或应该采取的不同操作姿态，产品形态的确立完全基于对语境的分析之上。产品形态的新颖并非仅是“为型而型”，而是在特定的语境中，分析人与产品间的互动方式，经过对产品形态的塑造与“书写”，使之传达出合乎语境的特定的语义。

很显然，如果当你在海边用餐时，能够使用图5-5所示的餐具，无疑会使你的胃口和心情都能得到满足。船、桨、航标灯塔和浮漂这些符号被设计师巧妙地运用到餐具的设计中，产品形态与环境的关联自然、贴切。

图5-5　船形餐具

图5-6　儿童坐便器

在不同的使用者、不同的环境物、不同的行为状态等多个因素的限定下，产品的形态、功能、材质和尺度得以确立（图5-6）。

在北京奥运会比赛项目系列标识设计中（图5-7），设计师采用了中国书法篆体的符号表现形式，在如此规模的国际体育盛会中（特定的语境下），标识的形式体现出中国文化特有的艺术魅力和内涵。

图5-7　奥运系列标识设计

一件产品不会孤立地存在于现实的生活场景中，一定要与某个特定的时间、特定的地点以及特定的人、事、物发生关联。产品使用情境是一系列活动场景中人与物的行为活动状况，它包含了使用产品过程中人与物之间的关系，以及更为广阔的外部环境（心理、社会和文化等）中产品与人的关联性。产品使用情境中人与产品的关系构成了文脉的直接因素，而社会文化及自然背景则构成了文脉的间接因素（图5-8）。

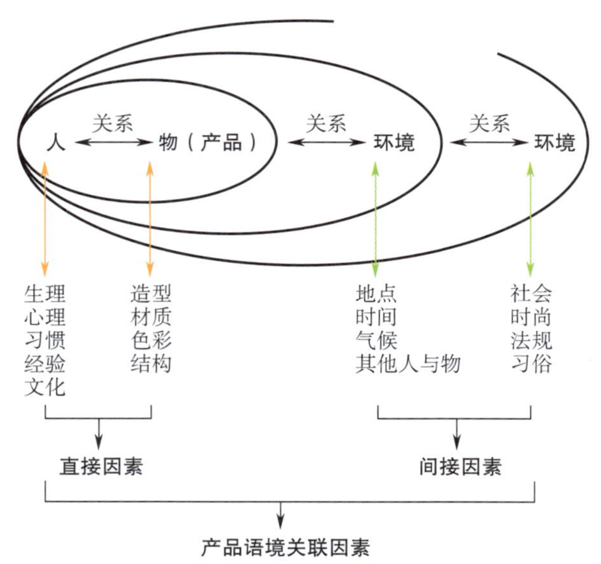

图5-8　产品语境中的关联因素

进一步讲，可以将产品使用情境（语境）介于诸多因素之间对话的内在有机联系，即在局部与整体之间的人与产品的关系、产品与周围环境的关系、产品与其所处文化背景之间的关系。从产品语义学的角度看，产品就像一个角色一样，首先扮演自身的固有角色（理性角色），也可称做机能角色（产品外延意指），是由基本需求所赋予产品本身的。在此层面上，产品要告诉使用者，我是谁、我是做何用途。其次，产品扮演的另一个角色，是人的主观情感投射在产品上而形成的，它在特定的语境中反映出人的心理性、社会性、文化性的象征价值，可称其为象征角色（产品内涵意指）。对应前面提到的理性角色，这里也可称做感性角色。

一件产品自身信息的解读，需要对这些局部与整体之间内在、本质的复杂关系进行认真研究后，产品的符号意义才能被充分理解，产品扮演的角色（固有角色与象征角色）才能打动消费者。通过对产品使用情境的研究，可以将产品中所携带的信息准确、有效地传达出来，而所有的这些信息都会对潜在的消费者产生巨大的积极或消极的影响。从另一个方面看，对语境的研究与分析，可以使设计师能够主动地运用造型语言，使得产品信息能够被消费者感知和理解。

图5-9是一款普通的台灯，在移动的细节中设计师借助了一盏“油灯”的符号元素，为现代、时尚的产品中注入了怀旧与温情的象征内涵，使人们在与产品的交流过程中，引发丰富的联想和回忆。

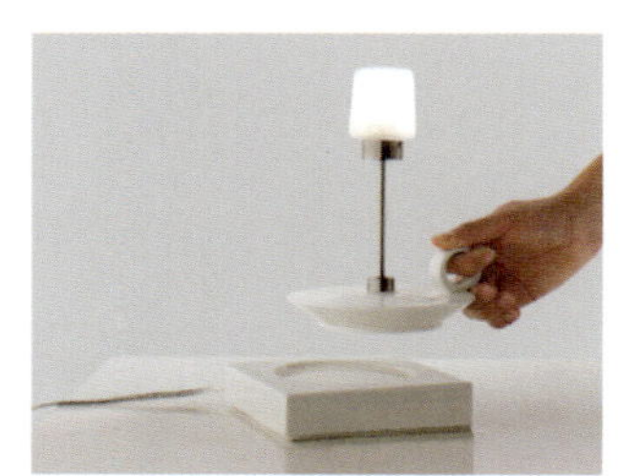

图5-9　灯具设计

5.2 产品说服功能与语义设计程序

设计中的一个重要目的，就是要使产品具有“自明性”，即让产品自己“说话”。设计师通过对产品语境的分析，利用形式造型语言而赋予产品某种意义，使其能够起到说服、打动消费者购买的目的。说服（Persuasion），心理学将它定义为：以合理的阐述引导他人的态度或行为趋向预期的方向。设计说服，是将设计作为一种交流的语言或方式，运用设计来引导他人的态度和行为趋向预期的方向。所以，产品设计以其外在表现性而更加接近于一种交流性的语言。

美国理查德·布恰南（Richard Buchanan）将设计说服（主要指工业设计）总结为三种相互关联的要素，分别是技术性原理、特性、情感或情绪。

（1）技术性原理　是指设计师如何操纵材料和程序来解决人类行为的实际问题。

（2）特性　是指设计师通过什么样的方式表现产品，使其以特定的语调说话，将他们认为能提升用户信任度的品质渗透其中。

（3）情感或情绪　是产品设计中接近“纯艺术”的部分，它使产品产生了类似于纯艺术品般的吸引力，调动消费者的情感。

Buchanan所总结出的要素，更多的是通过符号和修辞学上的分析和研究而得出的，其成果对于我们理解产品如何沟通和说服受众具有重要的意义。谈到说服技巧，中国传统的说法是“晓之以理，动之以情”，这也同样适用于设计说服中。

5.2.1 产品的合理性说服

晓之以理，就是指设计应该传递一定的合理性信息，我们将其称为“合理性说服”，这是设计说服的本质和基础，可以理解为产品的实用功能。合理性说服的基本假设是将消费者视为理性思维者，设计强调向消费者展现能满足消费者实惠需要和带来实际利益的产品属性。它的要点是诚实地向消费者说明该设计对象的特性信息，其中可信度是影响合理性说服的一个关键因素，消费者认为获得的信息的可信度越高，设计就越有说服力。在设计中，运用合理性说服体现在产品造型设计应诚实、明确地表明该产品的功能、材料、使用方式等。与前面相对应，产品的机能角色担当起合理性说服的职能（图5-10、图5-11）。

5.2.2 产品的情感性说服

动之以情，即情感性说服，是指设计应能唤起用户的情绪和情感。情绪（Emotion）是人对客体是否符合自己的需要而产生的体验。情感与情绪一般不作严格区分，但一般认为情绪主要是与生理需要相联系的体验，如愉悦、兴奋、饥饿等；而情感则主要是与社会性需要相联系的体验，例如责任感、自豪感、荣誉感等。积极的情绪往往能导致人们对客体的积极态度，消极的情绪则可能导致人们的反感。在设计中，通过有意识地诱发客体的某种情感，可以影响和诱导他们的评价和判断。工业设计中“以情动人”的品质是使之区分于工程设计的关键所在，它使设计造物具有了鲜明的“艺术特质”。与前面相对应，产品的象征角色担当起情感性说服的重任（图5-12）。

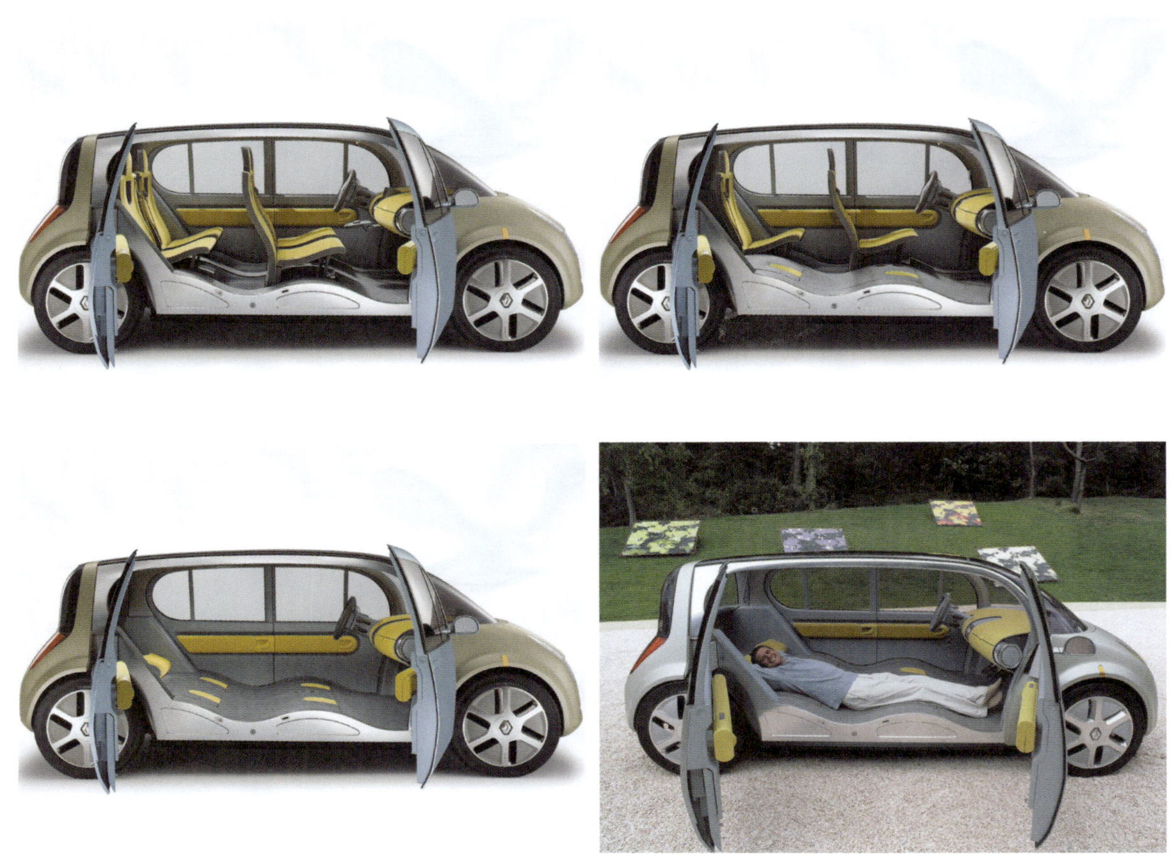

图5-10　能满足躺卧功能的雷诺概念车座椅设计

图5-11　具有辅助站立功能的座椅设计

图5-12　部件虽小，传递出的“理”与“情”却泾渭分明

图5-13a为2008年国际“反对皮草　保护动物”主题海报设计大赛（中国大陆赛区）的一等奖。设计师抓住“亲情”这个元素，运用同理心将失去亲人这一悲痛场面转借到这个不幸的动物一家。人物、场景和情节的构成准确传递出大赛主题的思想，给人们的心灵以深深地触动。

图5-13b为设计师Poblo Reinoso设计的一款名为“Spaghetti”的长椅。这是一位具有多元文化背景的设计师，也许传承于阿根廷熟练的手工艺传统，Poblo Reinoso总是能让日常用品的设计充满生命和情感。正如别人评价的一般“他所有的作品都散发着强烈的人类情感，深刻地烙印着人们的行迹”。看看Poblo Reinoso是怎样赋予一个再平常不过的靠背椅以魔力的吧！他让这些规矩的木条板像藤枝一样蔓延，这是一个充满诗意的想法，每一条蜿蜒有机的木条曲线都是用纯手工雕刻而成，极具雕塑感。这张充满超现实主义的“Spaghetti Bench”是Poblo Reinoso运用自然元素超越刻板的事物，将平淡的生活与平常的想法复兴、趣味化的最具代表性的设计。

a）

b）

图5-13　设计中的情感性说服

需要指出的是，我们很难将产品的合理性角色、情感性角色完全割裂开来，并且我们也很难在设计中只使用其中的某一种说服手段，因为它们往往相互联系、相互作用。20世纪初，当工具理性的说服手段成为说服的主流的时候，那些高度体现工具理性的产品曾一度发展成为象征高技术精神的符号，被广泛运用于其他并不能反映工具理性的产品之上，例如20世纪30年代最流行的流线型风格，原本是通过动力学实验得来的能够降低风阻的造型，但由于其优美而速度感的造型，最后成为了象征时代精神的符号。

5.2.3 产品语义设计程序

程序即为进行某活动或过程所规定的途径。产品设计过程应根据产品类型及特点采用相应的设计程序进行设计，一个完整的产品开发要涉及许多因素（图5-14）。从产品语义学的角度审视产品设计的流程如下（图5-15）：

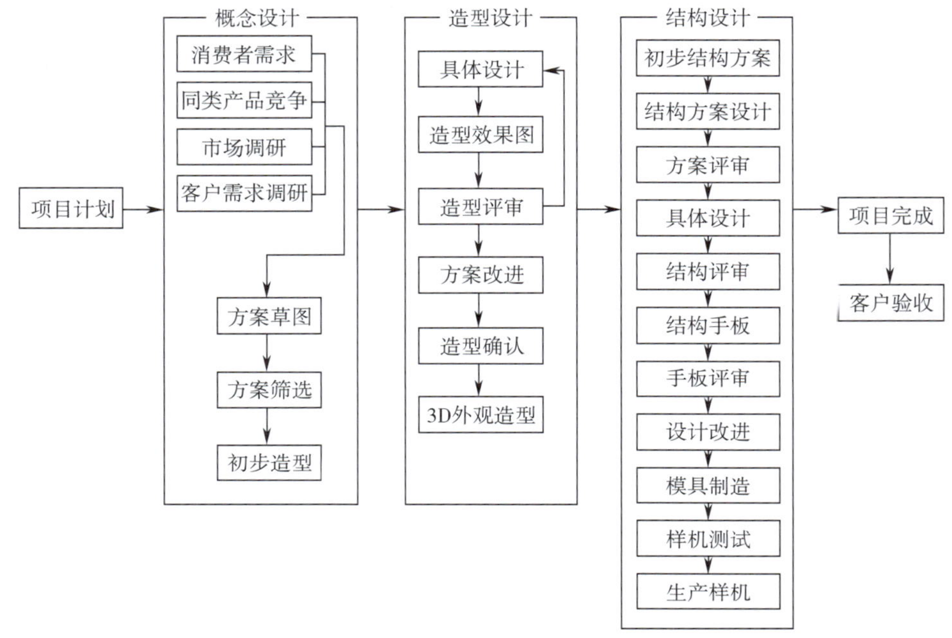

图5-14 产品开发与设计流程

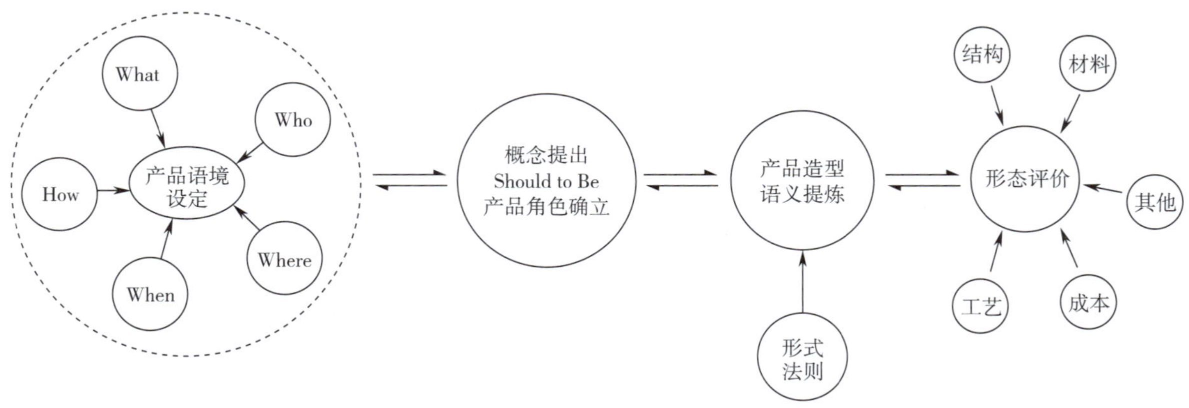

图5-15 产品语义学角度下的设计流程

首先要明确界定产品的使用情景（语境），即所谓明确Who、What、How、When、Where的问题，然后方能提出Should to Be 。对于使用人群的界定（Who），包括年龄、身份、生活方式等，使产品语义的传达、解读在一定范围内更具针对性，减少产品语义局限性带来的弊端；对于产品物质功能的界定（What），需要从抽象的角度进行描述，即产品可以用来完成什么功用，尽可能避免使用惯常的名词，如椅子，可以描述为“能够平稳承受人以坐的姿态存在的一种器具”；对于产品使用方式（How）的归纳，需要从人的感官（视觉、听觉、触觉等）进行全面提炼；对于使用地点（Where）的界定，需要明确具体空间（Space）和更广泛的地域和风俗特征。

其次，在完成产品使用情景的界定后，对于产品概念的提出将至关重要，产品的角色即可确立。产品所扮演的固有角色（理性角色）应在产品物质功能和操作方式等方面确立；产品的象征角色（感性角色）应在对人、空间物、社会、自然环境以及文化、习俗等确立。

第三，运用形式语言对产品的双重角色进行归纳、提炼和诠释，将抽象的产品语义以人可感知、理解的具体形态进行塑造、表达。

最后，针对技术条件及成本因素的制约，对产品形态进行评估、审定，以求产品系统的合理与协调。

5.3　修辞手法在产品语义设计中的运用

5.3.1　修辞是产品语义传达的有效思维方法

修辞本义就是修饰言论，即在使用语言的过程中，利用多种语言手段以收到尽可能好的表达效果的一种语言活动。所谓好的表达，包括它的准确性、可理解性和感染力，并且符合所要表达的目的，适合对象和场合的得体的、适度的表达。修辞是可增强言辞或文句效果的艺术手法。自语言出现以来，人类就有修辞的需要。从某种意义上讲，设计一件产品就像书写一篇文章。那么，修辞便是设计师获得设计创意的一种重要的思维方式。修辞可以使我们对同一件事物（或情感）描述赋予多种的表达途径，并且它关注的是“如何表现”，而不是“表现了什么”。或者说语法是研究语言表达“对不对”的问题，修辞则是研究语言表达“好不好”的问题。这使得修辞的运用可以产生丰富多样的内涵。

我们在日常生活的沟通交流中大量使用修辞，文艺作品中那些使我们印象深刻和深深打动我们的描写无一例外地都采用了修辞。看看这些在文章中修辞的运用：“月亮一露面，满天的星星惊散了。”（杨朔《金字塔夜月》）；“真理它却不会弯腰。”（臧克家《胜利的狂飚》）；“被暴风雨压弯了的花草儿伸着懒腰，宛如刚从睡梦中苏醒。”……修辞在当代符号学中有着重要的位置，特别是在分析后现代的设计文本中，对修辞这一主题的理解显得尤为重要。它可以告诉我们，形式简约与否不是意义是否丰富的关键，我国古代大量著名的诗词，虽寥寥数语，却传递出丰富的内涵，有着不朽的魅力。

在语言交流中，运用修辞可以使话语更加生动、丰富和打动人。修辞可以使我们通过多种途径来诉说这一事物是（或者像）那样的。而设计的特点就是多方案性，设计师可以借用修辞对同类产品依据不同的语境进行多方位的诠释与表达，就像在第1章中图1-5所描述的座椅一般，从而满足消费者的多样性需求（图5-16）。

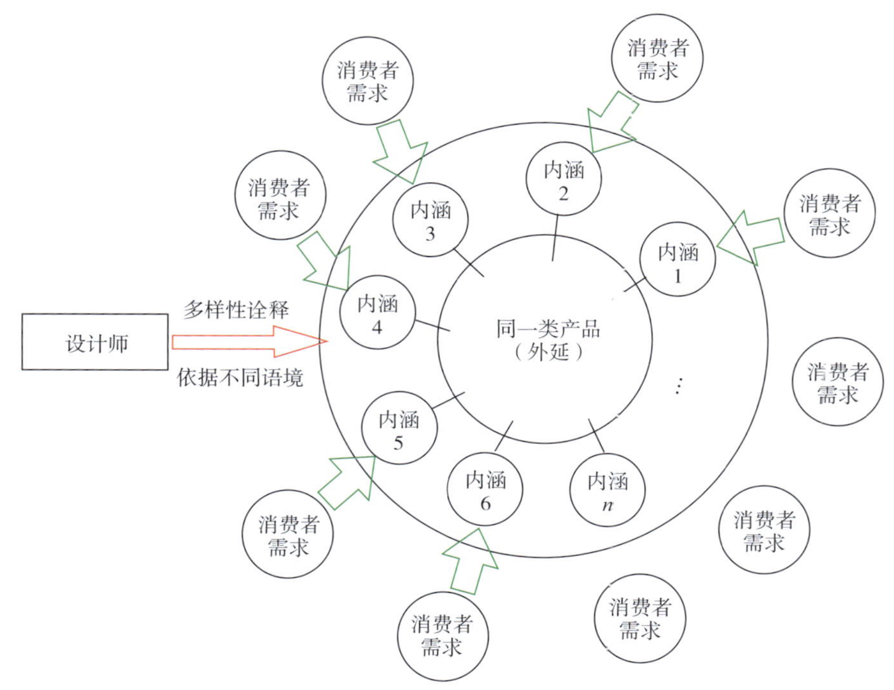

图5-16　利用修辞可以使同一外延的产品产生丰富的内涵

5.3.2　主要修辞方法

修辞与一个民族的文化传统有密切的关系。受汉族文化传统的影响，汉语修辞中大量运用到“比”这种形式，用得既多且广。现在可知的修辞手法有63大类，78小类。在视觉设计符号中主要涉及的修辞方式有四种，每一种修辞都表现出了一种符号形式（能指）和意义（所指）之间的不同关系。这四种修辞分别是隐喻、换喻、提喻和讽喻。需要指出的是，在语言中，明喻与暗喻有着明确的区分，而在设计中这两种修辞手法没有明显的区别。

1. 隐喻

作为组成社会单元的人的生活方式、需求、价值观念不断在发生着巨大的变化，设计对象的类别和范围也发生了很大的扩充和延伸，设计所要关注的内容相应也随之更加广泛。在信息时代的今天，隐喻作为一种极其普遍和重要的思想情感表达方式，在设计中的应用也尤其显得重要和多样。隐喻是文化的一部分，是人类思想的重要表现方式，是人类文化积淀的体现。隐喻这种修辞手段对于设计的文化研究具有重要的参考意义。这也反映着设计的最终目的是要创造一种人类所追求的理想化、艺术化的生活方式。隐喻作为一种广泛应用的修辞手法，在语言环境中发挥着极其重要的作用。隐喻是历史上最悠久、运用最普遍的修辞方式之一。产品中相似类比是构成隐喻的基础，凭借将不属于同一范畴的事物并列对照，搜寻其中相似之处加以互相转移，因此可借由人们对于已知事物的领悟了解，投射至陌生事物以便扩展知识，提升理解效果，即是隐喻的用意。

隐喻本属于语言学的范畴，隐喻“Metaphor”一词来自希腊语Metaphora，其字源Meta意思是“超越”，而Pherein的意思则是“传送”。从词源上看，“隐喻”在希腊文中的意思是“意义的转换”，即赋予一个词其本来不具有的含义；或者，用一个词表达其本来表达不了的意义。它是指一套特殊的语言学程序，通过这种程序，一个对象的诸方面被“传送”或者转换到另外一个对象，以便使第二个对象似乎可以说成第一个。如果要给隐喻下一个定义，可以说：隐喻是在彼类事物的暗示下感知、体验、想象、理解、谈论此类事物的心理行为、语言行为和文化行为。隐喻是由三个因素构成的：“彼类事物”、“此类事物”和两者之间的联系。由此而产生一个派生物：由两类事物的联系而创造出来的新意义。

“转换”的各种不同形式，可以被称为“修辞”或者“比喻”，也就是说，把语言的字面意义“转移”掉，从而转向它的比喻意义。其中的“转换”使之成为一种似乎是“画面”或者“意象”的东西。一般认为，隐喻代表着上述转换的基本形式，因此也就可以把它当做一种基本的比喻手段，其它的比喻手段如明喻、提喻、换喻及讽喻实际上都是隐喻原形的变替，只不过思维的方式与路径有所差异。

例如：

1）He is a pig.他简直是头猪。（比喻：他是一个像猪一般的人，指肮脏、懒惰、贪吃的人。）

2）She is a woman with a stony heart. 她是一个铁石心肠的女人。（比喻：这个女人冷酷无情。）

3）All the world’s a stage.（Shakespeare）世界就是一个舞台。（比喻：生活中形形色色、真实与虚伪的事物，巧合与戏剧化等。）

再比如，汉语“入门”的原义是“进门”（而未登堂入室），从这个意义引申出“学习的初步阶段”（还不是深造阶段）的意义，这是因为“读书学习”可以分为若干阶段，这和进入家居的行进阶段有相似的地方。这反映的是“进入家居”和“读书学习”这两个不同意义领域之间的相似关系，这两个领域在内在结构上有相似之处。又例如“碟”原本指“一种盛食物的器皿”，现在可以用“碟”指“飞碟”、“光碟”等，这是一种形状上的相似。隐喻使不同领域的表达能在一种语境中共同出现，把两个本来极不相同或完全相反的两种事物链接在一起。这样所表达语言的新颖性自然也就体现出来了。正如亚里士多德在其名著《修辞学》中所说的那样：“隐喻使风格清晰，充满魅力和特色。”主动使用隐喻，可以把抽象事物具体化，可以更好地表现和传达所要表达的事物特征和属性。如“轿车甲虫般地前行”便是一个隐喻性的句子，我们不知道轿车怎么行动，但我们知道甲虫匆匆穿过地面的行进模样，这个句子中所用的隐喻即把甲虫的特征转换到轿车身上。

在产品设计过程中，常常利用隐喻的技巧来赋予产品具有沟通、传达及象征性质。在自然界或人为造物中，有无数优良的形式是使用者熟悉、习惯的认知形式。因此，设计师在设计中，可以以产品原形为本质，利用这些为人熟知且有相似、类司的社会意义的自然形态或人为形态，借用隐喻的手段进行产品的形态塑造，使产品语义的传达有效、准确和生动。在设计中采用隐喻的手法在功能、形态、结构、空间场合、因果关系、色彩以及内涵等方面都可以借用关联符号进行转换。先来看几个平面广告与招贴设计中运用隐喻的例子。

图5-17　西门子吸尘器平面广告

图5-17是一组西门子吸尘器平面广告，主要诉求是要表现产品低噪声的功能特性。作品并没有直接使用具体的参数和形式描述吸尘器的噪声是多么小，而是将产品置于画面中不起眼的角落，由“安静”关联到几个我们熟知的特定场景：举行婚礼的教堂、国际象棋比赛现场和音乐厅。通过特定的场景，暗示出正在使用中的吸尘器所产生的声音是多么微小。

图5-18的主要诉求是要表达出丰田LAND CRUISER汽车的越野性能，画面中并没有出现具体汽车的形象。一张土著人的脸占据了整个画面，只是在土著人的额头上捆扎着一根标有LAND CRUISER标识的旧书包背带。由土著人暗示出这必是一个非常遥远和原始的部落，能够到达这里，其路途的艰险可想而知。在土著人的脸上写有一段话“There are places reached only by the few”（这是一个几乎不可能到达的地方）。与上一个例子采用的手法类似，都是由所强调产品的功能而联系到特定的空间或场景符号，这里只是使用了具体的人物，而人物又暗示出所希望的特定地点。

图5-18　丰田LAND CRUISER系列平面广告之一

对“保险”内涵的理解使设计师联想到绘画。两个相隔极大的领域，但存有类似的功能符号元素。展现在我们眼前的是两幅素描作品以及放在图样上的橡皮（图5-19），其中画面中的一处房屋和一部汽车是用蓝色的墨汁绘制。设计师将绘画中墨线对于橡皮的抵御功能转换到“保险”业务的功能中来，暗示出经过“保险”后的财产（房子、汽车等），保险“擦不掉”！设计师选择了一种连小孩子都能理解的关联方式，符号的借代与转换准确、敏锐而又独具匠心。

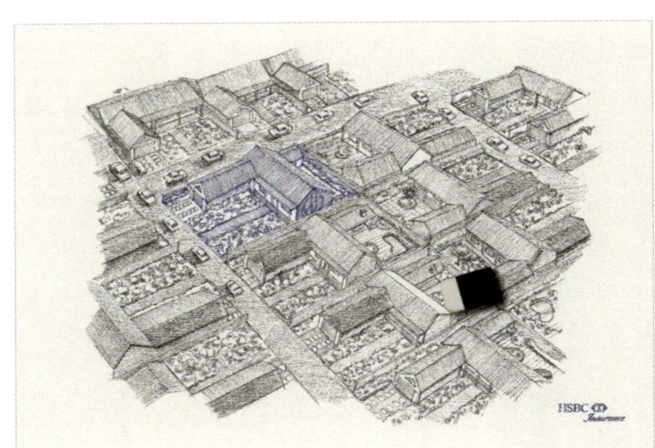

图5-19 “花旗银行”财产保险业务系列平面广告

从绘画调色板上的白色颜料和扣扣相连的金属环，设计师选择了两个完全不同的领域暗示出使用Colgate牙膏对牙齿的洁白和坚固是多么的有益和重要（图5-20）。

图5-20 Colgate牙膏系列平面广告

隐喻设计的产生，依赖于人类自身的心理感受，对于设计师来说，带有某种主观或客观的能动感觉和意识，包括个人文化背景、知识储备、思维方式以及所掌握的技能等。隐喻具有很强的文化内涵特征，这些会自然不自然地在自己的设计作品中流露出来。通过使用这种设计方式，可以使产品成为具有丰富内涵的产品。因此，设计者应了解产品更多的关联因素和表现方式，要很好地把握使用者的认知水平及理解的尺度，将设计作品纳入到特定的文脉中去考虑。对各种形式语言的表现了解越深入、越全面，对产品形式的塑造才会得心应手。运用隐喻手法在现代产品语义设计中的应用已十分广泛，产品语义在形态和功能、材质、文化等方面都可以运用隐喻的手段进行塑造与表达。

图5-21分别是具有定时（上图）和计时功能的计时器，在分别借用了“卷尺”和“温度计”两个具有类似形态特征的符号元素后，产品的内涵由此产生了新的意义。

任何一个对计算机具有基本常识的人，对“Ctrl +Z”键的组合功能都有一个清楚的认识，它具有“反悔、恢复到上一步、对当前状态不满意”之意，与橡皮擦的功能很类似。借用计算机键盘上一个功能符号，使得小小的橡皮擦既有趣，又富有时代气息（图5-22）。

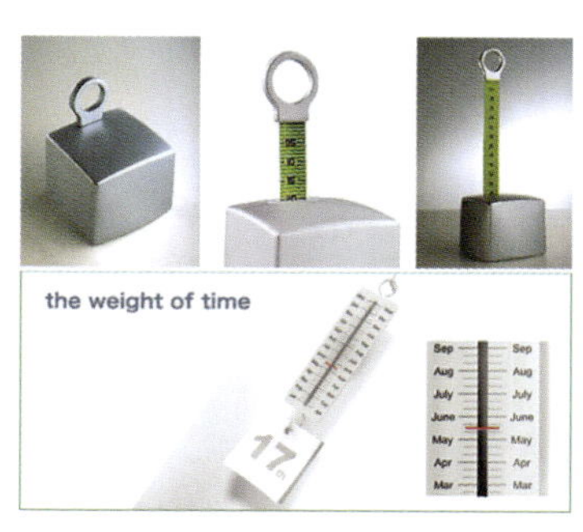

图5-21 计时器设计

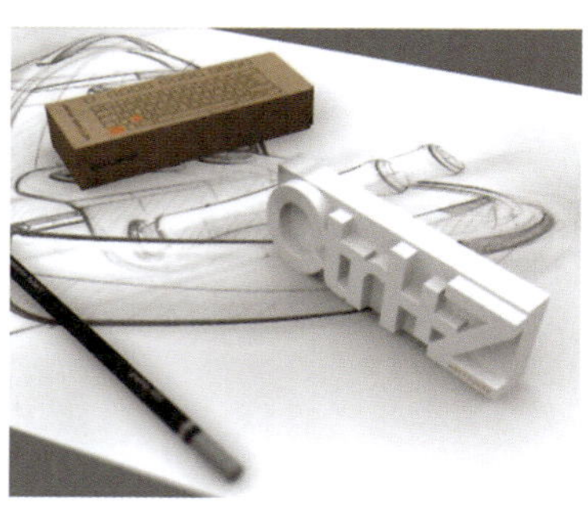

图5-22 “Ctrl +Z”橡皮擦

很明显，设计师从电车功能性的角度出发，借用了建筑物中“阳台”的类似性符号，使得电车仿佛是一幢“移动的房屋”（图5-23）。

图5-23 城市有轨电车设计

图5-24是一个针对户外语境下的床的设计，由环境与形态因素的分析，设计师选择了秋日的落叶作为借用的符号形式。既满足了床的功能需求，也很好地与环境统一、协调，使人产生丰富的联想，体现出设计师对自然的热爱之情。

将计时器与门帘整合在一起，“穿越时空”一定是设计师的创作灵感来源，这种对时间的符号联想，体现出设计者深厚的文化修养。运用修辞使得产品形式新颖而富有内涵（图5-25）。

图5-24 “树叶”床

图5-25 计时器设计

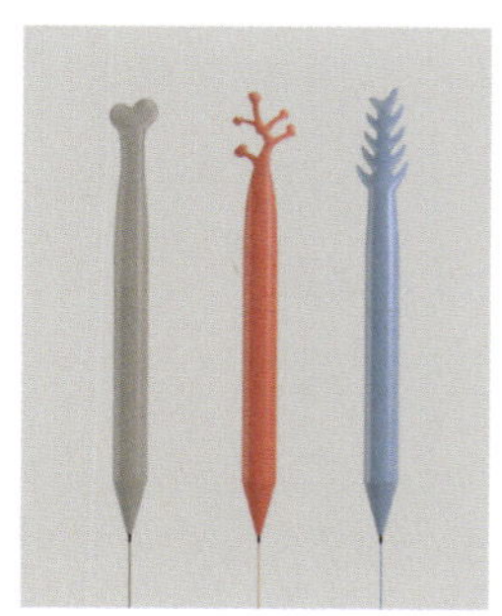

图5-26 “吃了吗？”水笔设计

图5-26是基于中国人曾经见面时流行的一句问候语“吃了吗？”而产生的符号联想，加之人们在使用水笔时常常咬着笔端，设计师巧妙地将这两种现象组合在水笔的形态塑造中。啃咬后剩下的棒子骨、葡萄枝、鱼骨刺生动、形象地传达出作者的用意。对人的行为特点的细致观察和自身知识的储备，反应出设计者捕捉文化符码的敏锐视角和深厚的符号联想功力。

爱因斯坦说过“想象力远比知识更重要。因为知识是有限的，而想象力则概括着世界上的一切，它推动着进步，并且是知识进化的源泉。”严格地说，想象力是科学研究中的实在因素。发散思维可以让想象力得以充分发挥，“头脑风暴”、“拓展训练”都是发散思维在设计领域中常用的集体的、集中的、互动的思维训练方式。莱考夫认为：“隐喻不仅仅是语言修辞手段，而是一种思维方式——隐喻概念体系。作为人们认知、思维、表达乃至行为的基础，隐喻是人类生存需要的基本方式。”

2. 换喻

换喻就是将与某事物有关联的另一种事物代替该事物。换喻就是修辞学上讲的借代，从符号学角度看就是用一个所指去替代另一个所指。可以用事物部分代替整体，比如“巾帼不让须眉”，巾帼是女子身上的装饰物，有代表性，可以用来指代女子；须眉，胡子拉碴是男子的典型特征。换喻反应的是两类现象之间存在着某种密切关系，这种相关在人们的心目中经常出现而固定化，因而可以用指称甲类现象的词去指称乙类现象。换喻在语言表达中有以下几种常见类型：

1）工具—劳动者：例如“笔杆子”指“写作者”。

2）材料—产品：例如英文“Pen”原义是“羽毛”，现指“羽毛做的笔”。

3）地名—产品：例如“茅台”指“茅台镇”，又可以指此地出产的“茅台酒”。

4）地点—机构：例如“白宫”指“美国总统府”，又可以指“美国政府”。

5）部分—整体：例如“新手”指“做某事或从事某一行业的新人”。

换喻与隐喻的区别在于，换喻替代的两者间存在着直接或密切的联系，而隐喻是建立在明显的非相关性上（二者无实质性关联），换喻将意义（所指）放在较明显的位置，而隐喻则把形式（能指）放在显著位置，隐喻更倾向图像性和象征性。换喻从邻近的领域寻找替代物，而隐喻则是从一个领域跨越到另外一个领域寻求切入点，需要的联想力更加丰富，范围更广阔，见表5-1。

表5-1　隐喻与换喻的区别

隐喻	换喻
类比／相似性	联接／连续性
选择	结合
直喻	举隅法（以部分代替整体）
浪漫主义	写实主义
超现实主义（绘画）	立体主义（绘画）
诗歌	散文

在设计中，换喻所关注的关系不是产品之间零散的、片段的联系，而是一种整体性联系，即是按照某种强调重点的规则加以组合，强调产品主要的属性。换喻的手法是以造型为基础，经分析而重组，利用几何关系加以转变，把产品分析到只剩最重要的属性。它可以是时间上、空间上的关联，也可以是某些针对物体具有的特殊关联情况，或是使用者的经验习惯的邻近关系，而直接产生的最简单、易见的意义。

换喻的主要特点是替代的两者间存在着直接或密切的联系。图5-27由人们饮水时必用的容器之一——瓶子作为一个替代的符号，显然符合换喻的邻近性原则，加上杯架上的水珠造型，将饮水机使用过程中潜在或缺席的功能意义（从瓶中取水）形象地召唤出来。（设计：高力群、张楠）

图5-27　饮水机

与上一个例子类似，由茶具的功能联想到水，以水珠落在水面上泛起的涟漪作为茶具的造型元素，再加上一个富有诗意的名称“MOONLAKE”，使得产品语义贴切而又意境深远（图5-28）。

图5-28　“MOONLAKE”茶具设计

图5-29从产品的造型和“挤奶”的方式，都直接说明这是一个盛放牛奶的器皿，是一个典型的运用换喻手法进行产品形态语义塑造的例子。（设计：张剑）

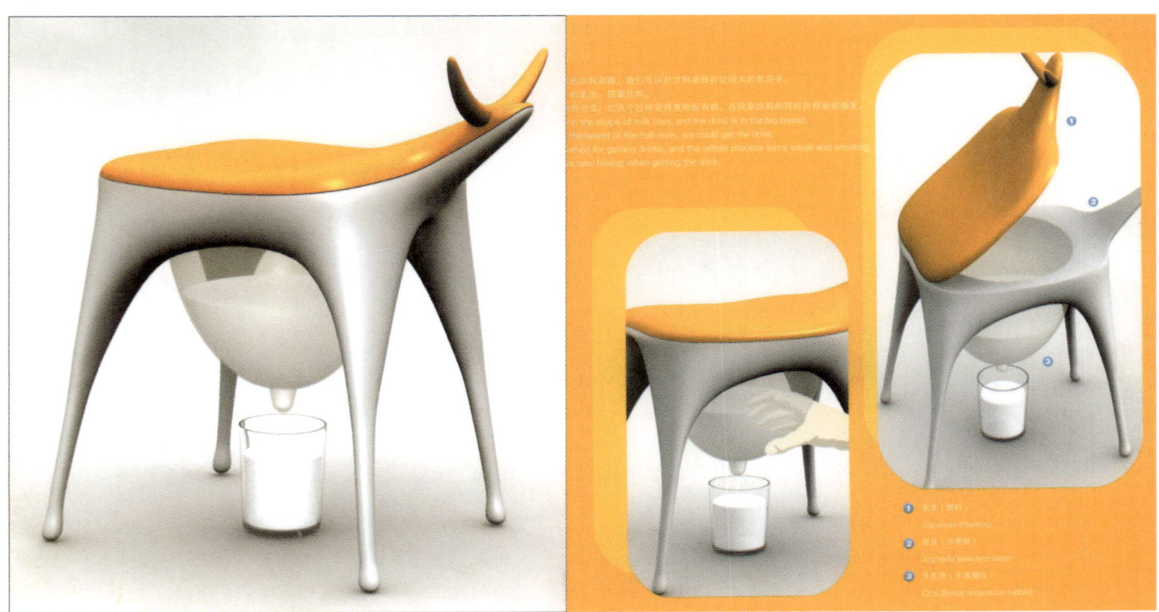

图5-29 盛奶器皿

由深泽直人设计的热风机（图5-30），表面选用了毛绒材质和整体的红色，都是基于产品功能的临近符号借用原则，与人们对热风机功能的习惯联想一致。

图5-30 热风机

图5-31由灯具的照明功能直接联想到使用者“阅读”的状态，符号的借用直截了当，产品形态简洁、有趣，语义传达明确。

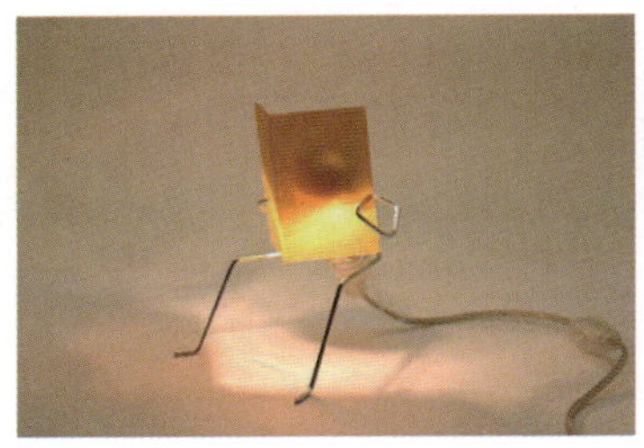

图5-31 Reading Light（阅读灯）

图5-32是一个对“光”的设计，设计师将我们熟知的发光体“灯泡”作为借用的邻近符号，产品“发光”的功能语义被“灯泡”自然、直接地传达出来。

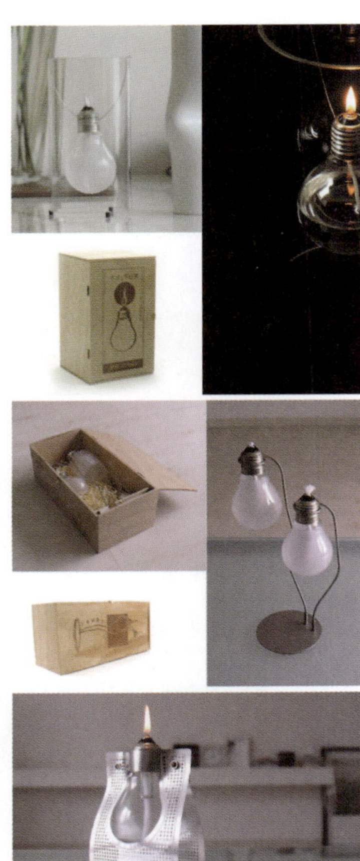

图5-32 照明工具设计

图5-27～图5-32是6个运用换喻手法进行产品语义设计的例子，由于隐喻与换喻在产品语义学中的理论尚未完备，因此在使用上有时会混淆不清。在设计中，任何产品的语义设计很难简单地像文学作品中的修辞那样容易分门别类且单纯易用。另外，利用隐喻与换喻手法进行产品形态语义设计，都要牵扯到使用情境与使用者文化背景等诸多关联因素。所以，设计师在创作时，只要能够善于运用换喻的属性邻近、组合的特性，以及隐喻的类比、相似的特性而达到赋予产品内涵之效即为目的。

3. 提喻

提喻也是一种借代或指代的修辞方法，主要指用事物的部分代表整体。在设计中，往往将产品的功能、操作方式、形态等因素经高度提炼与抽象，获得简约、明了、突出主题的一种塑型手段。提喻属于换喻的一种特殊表现方式，与换喻的表达方式和思维方法类似。提喻在语言上的表达如：

1）Outside，（there is）a sea of faces.外面街上，是人的海洋。（以人体的局部代全体，即以faces 表示people）

2）Two heads are better than one. 直译：两个脑袋比一个强。意译：三个臭皮匠，顶个诸葛亮。

3）Great minds think alike. 直译：想法一致。意译：英雄所见略同。

这里head、mind均是以人体的某部分来代表“人”这一整体。提喻在设计中的例子如图5-33～图5-36所示。

设计者选用最具代表墨西哥风情的草帽、吉他和沙锤作为借代符号形式，将产品（口香糖）有机地融入借代符号之中，成为这些符号图形有机的一部分。作品准确、清晰地传递出产品产地的特征信息，是一个运用以局部代替整体的提喻表现形式（图5-33）。

图5-33　墨西哥风味口香糖系列平面广告

图5-34是一个常见的公共服务设施标识，用刀叉代表餐饮店，电话筒代替公共电话服务，也是一个局部代替整体的典型提喻表现案例。

图5-34 公共服务设施标识

如图5-35所示，设计师将“吸烟有害健康”这句话运用产品形式诠释得非常到位。利用吸烟与肺的直接关联性，采用提喻的修辞手法而提炼出临近的关联符号。同时，产品在语义上强烈地传达出吸烟对身体的危害性，具有传神的教育功能，体现出设计师的一种社会责任感。

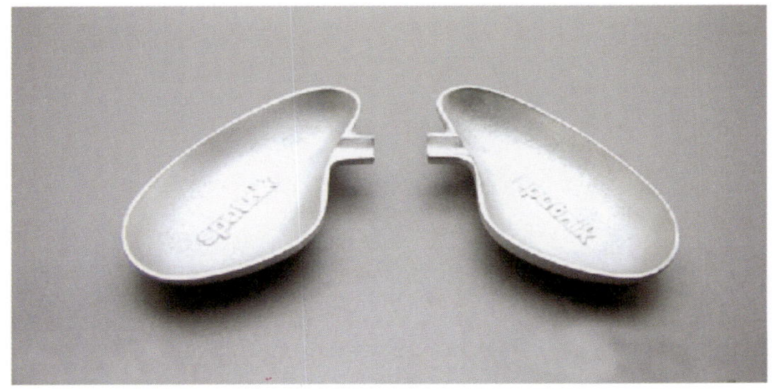

图5-35 “肺型”烟灰缸

图5-36由“吃”和“叉”两个要素展开符号联想，一个小小的餐具被设计师运用提喻的手法关联到了“牙齿”。

图5-36 餐具设计

4. 讽喻

讽喻（或反讽）的修辞方法从字面理解牵扯到讽刺、幽默、调侃的意味，颇有些后现代主义的无厘头味道。讽喻在语言表达中更倾向一种双关性和模糊性，以此方式来说明道理，达到启示、诱导或讽刺谴责的目的，它是隐喻的一种特殊表达方式。讽喻在语言上的表达方式如：

1）瞧你干的“好事”！（真实意义：你把事情搞砸了。）

2）昨晚，我的脸被蚊子“亲吻”了三口！（真实意义：蚊子真可恶！）

3）这里好“热闹”啊！（真实意义：这里是一片冷清的场面。）

图5-37　公共座椅设计

图5-37所示，设计师借用公共空间下停车位的符号形式，关联到与座椅类似的“停止、休息”等类似功能语义，并且在整个“座椅”的造型中将泊车标识“P”醒目地竖立其中，在“P”的右下侧出现一个坐着的人形，充分体现了设计师对功能的概括能力及符号的联想力，以诙谐、幽默的形式传递出产品的内涵语义。

符号的借用完全颠覆了人们对“灭火器”功能常规的认知经验（图5-38a），将“灭火”与“点火”两个矛盾体整合在一起，有一种恶作剧的心理体验。

“倒置的调料瓶”的设计表现手法与“灭火器”打火机类似（图5-38b），在人们视觉经验感受上违背了常理，也是一个典型的运用讽喻修辞手法进行产品语义设计的案例。

a）

b）

图5-38　“灭火器”打火机与“倒置的调料瓶”

图5-39是一个国外的学生设计作品，在以“座（坐）的力量”为主题的系列坐具设计中，设计师以四种不同的对象（标准、皇后、超人和思想者）为背景，将坐具的形态语言以形象、戏谑的形式表达得淋漓尽致。不难想象出，当你看到使用者“对号入座”在这几种形态各异的椅子上时的心理感受是何等的有趣。

图5-39　坐具设计

从图5-37～图5-39所举的例子来看，随着后现代设计的发展，讽喻这种修辞方式在产品语义设计中变得愈加频繁起来，它已经成为后现代主义符码和美学实践的一个典型特征。设计师通过这种方式来表达对现代主义确定性意义的嘲讽，呼唤多样性与个性的诠释体验，这可以被看做是对常规、惯例性产品形象的对立性或游戏性的一种诠释，这更加需要设计者进行跨度更大的跳跃性思维。

5.3.3　通过符号关联性传达语义

一件产品就像一段文字，存在着逻辑、语法和语义的结合，一个意义我们可以使用多种不同语句进行描述。所谓关联就是与所表达含义相近或存在某种逻辑关系的联想。比如“死亡”一词，我们可以由此联想到“哭泣、眼泪、坟墓、黑纱、枪口、花圈、鲜血、黑色、尸体、回老家”等许多具体的形象、场景和文化习俗。每一件产品都不是孤立存在的，在设计中，设计师应努力通过产品形式准确地向使用者传达产品的功能、操作方式、所处的状态和某种象征性。从前述内容不难看出，利用修辞（特别是隐喻）可以拓展我们的思维视角，展开关联的符号之网，从而使产品产生丰富的内涵意义，产品的语义在“修辞”的帮助下可以生动、准确地传达出去。

在产品设计中，这些关联的要素包括：

1. 产品自身（内部）之间的关系

这里主要指各部件的结构、连接方式、操作键钮的分布和各个表面的过渡等关系（图5-40）。

2. 产品与使用者之间的关系

这里包括产品尺度大小、人的行为习惯、携带、操作与反馈等关系（图5-41）。

3. 产品与外部环境的关系

这里包括产品与其他环境物之间（如时间、地点、气候、人与物）的关系，还包括社会文化、流行时尚等关系（图5-42）。

图5-40 产品自身各部分间的关系　　　　图5-41 产品与使用者之间的关系

值得说明的是，图5-42右侧是作者摄于苏州街道的三张画面。可以看出，设计者在公交候车亭、公共电话亭、路灯以及垃圾箱等城市公共设施的造型风格、选材、色调等方面进行了统一、协调的处理。这种独特的韵味是建立在与苏州整个城市的文化符号密切关联的基础之上。

图5-42 产品与外部环境之间的关系

以上（图5-40～图5-42）所概括的每一种关系都是产品传达语义的一个机会，在一个特定语境下，产品系统应在相应的逻辑关系的范围内保持统一性，需要一个合理的语法去统筹与限定，使每一个关联的符号共同为一个语义的有效传达服务。正如伯恩哈德•凡•穆蒂乌斯（Bernhard von Mutius）所说“联接意味着使意义成为可能。当联接有用时，意义就产生了，这样，在未来继续这个游戏就成为可能。在我的关系中我具有的联接越多——自然运行的，而不是经常被打断的，因而是设计优良的联接——在未来我具有的选择的意见和可能性也就越多。”

下面我们一起来欣赏一下“绝对伏特加”（ABSOLUT VODKA）酒的系列平面广告（图5-43）。这个产自瑞典南部一个小镇的世界著名品牌，其酒瓶形状已经成为一个特殊的符号。设计师根据酒瓶的形状展开了丰富的符号联想，从自然现象到生命形态的各个角落，我们似乎都可以看到（关联到）它的影子……

图5-43 ABSOLUT VODKA之联想

5.3.4 修辞在产品语义表达中的应用及价值

在前面章节已经提到，符号学最初被应用到建筑设计中，而建筑符号学的研究与实践对产品语义学的发展起到借鉴和推动作用。产品设计师和建筑师试图借助这种手法（主要是隐喻）而使作品引人注目、传情达意并留给人以深刻的印象。通常人们认为修辞是一种花言辞令，是浮夸的、过火的、空洞的。修辞常被与理性相对照，被认为是激进的相对主义或虚无主义的表现。人们一般认为科学应是严谨而又理性的艰苦工作，而带有修辞色彩的人文学科则是轻松与随意的。

然而事实并非如此，通常写诗歌或散文要比写记叙文、说明文更困难。前者需要作者更加丰富的想象力和创意，运用不拘一格的方式表达作者的意图；而后者则相对更理性，话语直白，文章结构也较为套路化。即使在看似客观严谨的表达中同样会存在修辞的运用，因为话语的表达一定要触及我们周遭的“符号之网”，而不能只是简单的反映。在很多时候我们无意识地使用的修辞不过是被外延化罢了。

设计注重创意，但创意的价值并不是因为事物的外延，而是由其内涵产生。修辞则是产生丰富内涵的一个重要途径和方法。修辞不仅仅是形式上的装饰和点缀，更是一种说服性的话语。如果设计中不借助修辞，那么功能类似的产品会变得千篇一律，产品语义的传达将是单调、苍白甚至无法实现的，人们对于产品体验的丰富性便无从谈起。

而今，随着人们需求的多元化与个性化，在产品语义设计中修辞的运用正变得愈加频繁，而日新月异的技术水平的提高，也使得复杂的修辞的运用变为可能。当代的设计语言已不再是现代主义千篇一律的表达形式了。设计的根本目的在于创新，而非仅仅维持我们所处的世界面貌。设计师应具备也应习惯用一种好奇的目光审视我们周围的一切，任何一种事物（产品）都应必须是现今的样子吗？设计是创造人类梦境的手段，行色匆匆的现代人越来越不会做白日梦了，“为一个没有时间做梦的世界提供梦想”——这个许多意大利设计师共有的理想应分享给全世界从事设计的人们。很显然，“修辞”的运用可以使我们的话语变得更加生动，可以使我们的世界变得更加绚丽多彩（图5-44）。

图5-44 一个诗般的世界

第6章

产品语义设计训练

通过对前面5章的学习，我们对产品语义的基本理论和设计的方法有了一定的认识。本章展示了四个运用修辞手法对产品语义进行设计的实践过程，通过符号的关联，我们可以张开思维的“大网”，尽情在符号的海洋中畅游。作为设计师，应注重对各个领域知识的涉猎，不断完善和积累自己的符号资源宝库，从语义学的角度重新审视设计的内涵以及设计的过程。

本章关键词：实践，过程，关联，审视

6.1 关于“开”与“关”的语义设计

1. 关于“开”与“关”

1）一种制度的禁止与执行。国门打开，人们看到外面的世界，改革开放已成为一股不可遏止的历史潮流。

2）打开城门、宫门、关隘等的门户。《逸周书·大匡》：“外食不赡，开关通粮。”《史记·秦始皇本纪》：“秦人开关延敌，九国之师逡巡遁逃而不敢进。”《续资治通鉴·宋钦宗靖康元年》：“臣愿激合勇义之士，设伏开关，出其不意，扫其营以报。”

3）开启和关闭。《儿女英雄传》第三十五回：“紧接着便听得外间的门被风吹得开关乱响，吓得个娄主政骨软筋酥。”

4）电器装置上接通和截断电路的设备。浩然《艳阳天》第106章：“萧长春跟焦振丛借了一把旧手电，电不足，开关也不好使。”

5）开关还可以按用途分为：波动开关、波段开关、录放开关、电源开关、预选开关、限位开关、控制开关、转换开关、隔离开关等；按结构分为：滑动开关、钮子开关、拨动开关、按钮开关、按键开关、薄膜开关等。

……

从上面的叙述我们可以理解，开关是控制事物两种完全不同状态的一个装置，它所控制的可以是空间上的，比如城门、房门、柜橱等，从物理状态上讲，可以是气态、液态等。由开关的形式与功能我们可以联想到：运动与静止、开始与结束、肯定与否定、通畅与受阻、正与负、1与0、开放与封闭、执行与禁止等。

2. 训练内容

1）电灯“开关”的语义设计。

2）水龙头“开关”的语义设计。

3. 设计要求

1）围绕“开”与“关”进行功能性的分析与提炼，得到对其内涵的深入认识。

2）针对“开关”控制的对象进行市场调查，得出目前普遍的产品状况。

3）拟定使用人群和环境等产品语境，对“开关”进行符号的关联性联想（图形、文字均可），从关联的“符号网络”中提取有价值的语义关键词。

4）由语义关键词进行产品形态塑造，以草图形式呈现。

5）确立产品语义形态，完成设计方案。

4. 训练目的

侧重在产品使用语境确定的条件下，有针对性地围绕“开关”进行符号的关联性思维发想，寻求有价值的关联符号形式，赋予产品以新的内涵。突出产品在文化、心理及象征性语义层面的诉求，提高运用修辞手段拓展跳跃性思维的能力。

开关语义设计
Semantic Design of Switch

设计：路 杰
指导：高力群

电灯开关的语境分析：

开关同类产品调查：了解现有开关的使用方式和结构状况。

开关使用环境的调查：确定使用环境、材质和主体颜色。

调查总结：

1. 根据调查可知：现在已有的开关种类多样，使用时的动作方式也不尽相同，虽然大部分在使用时都有语义方面的提示，如上面有灯泡的符号、有凹陷或者凸起或者是指示灯等，但是语义的提示还是不够明确和缺乏特色。

2. 在材料的选择上大多数为塑料材质。

3. 颜色多为白色或者浅灰色，尤其是在室内使用的电灯开关多数为白色或者乳白色，以此来和室内环境更好地融合在一起。

结论：在设计中注重语义的设计，主体采用塑料材质，使用白色为主要颜色。

开关语义设计
Semantic Design of Switch

设计：路　杰
指导：高力群

“开”与“关”的随想

“开”和“关”涉及到人们日常生活的方方面面，人们在不断地重复“开”和“关”这两种动作……

开关语义设计
Semantic Design of Switch

设计：路　杰
指导：高力群

关于“开关”的符号关联思维导图

由“开”和“关”展开的思维导图（对“开”和“关”的一些联想）并在发散图中锁定几个关键词作为设计的源点。

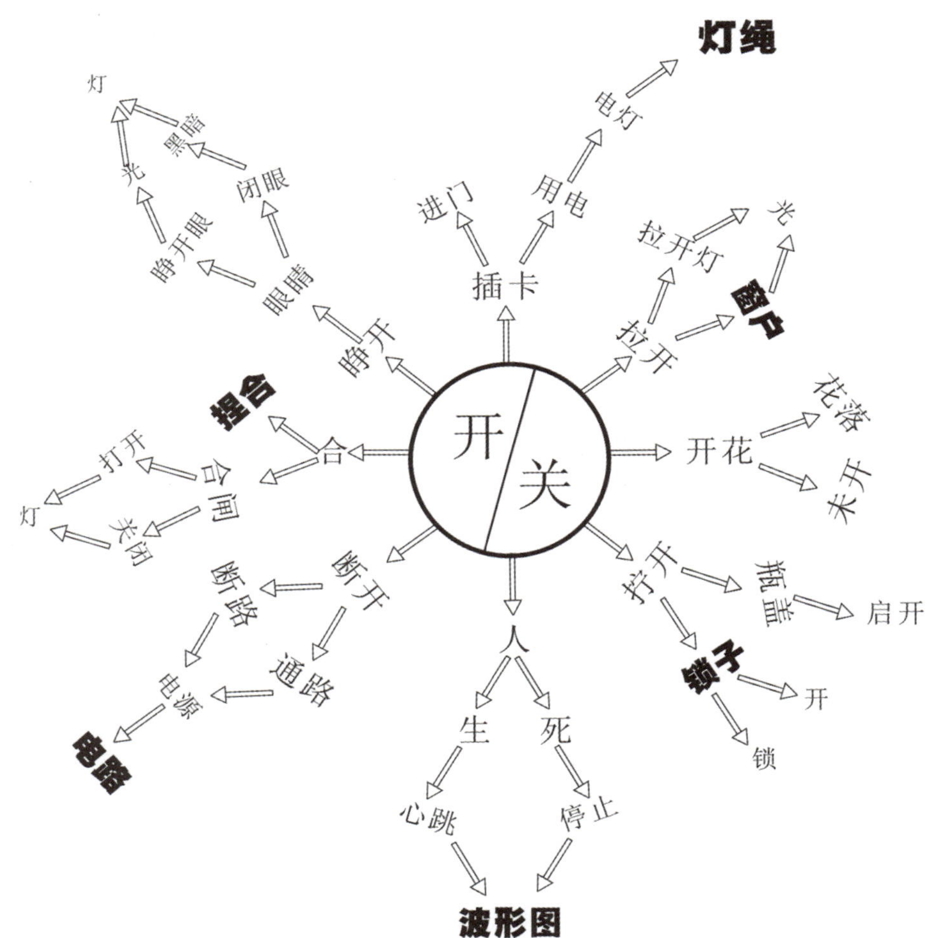

提取语义关键词：

灯绳、捏合、电路、锁子、窗户、波形图。以这六个关键词作为设计的出发点来进行设计，让电灯开关语义的提示功能更加明确和生动。

开关语义设计
Semantic Design of Switch

设计：路　杰
指导：高力群

——“灯绳的记忆”

“把灯拉着”好像是小时候要开灯时最为常见的说法，记得在那个时候，电灯开关比较简单，就是一个盒子和一根灯绳。“拉”灯亮了，再“拉”灯灭了。

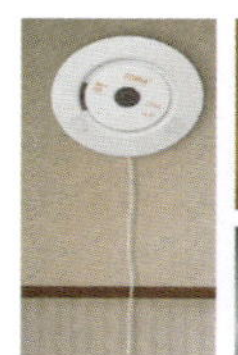

效果图

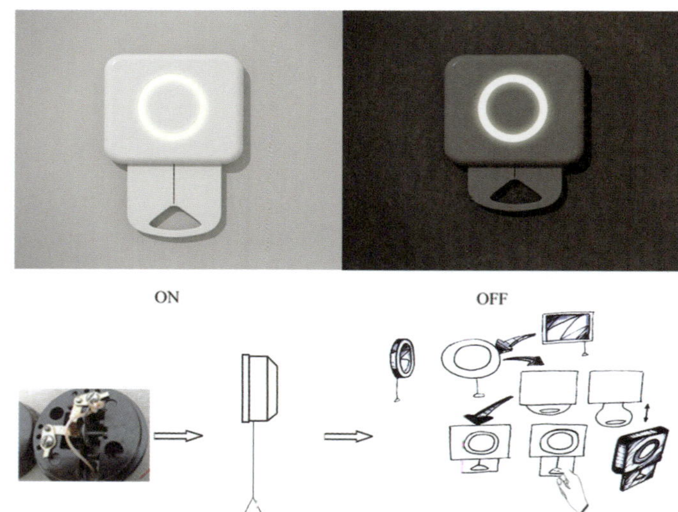

以“灯绳”为设计源点进行设计，以便唤起人们对儿时的美好回忆。产品形态的塑造紧紧抓住“拉”的动作和意境，使人产生丰富的联想和有趣的体验。

——“捏合”

在夜晚当你打开一扇门的时候，会看到灯光从屋里面照射出来，是不是觉得特别的温馨？是不是觉得有一种家的感觉？此款开关的设计就是采用了门的结构，只要轻轻一捏，灯就会被打开，并且还会从“门缝”中透射出微弱的光。再轻轻一捏，灯就会被关闭。

效果图

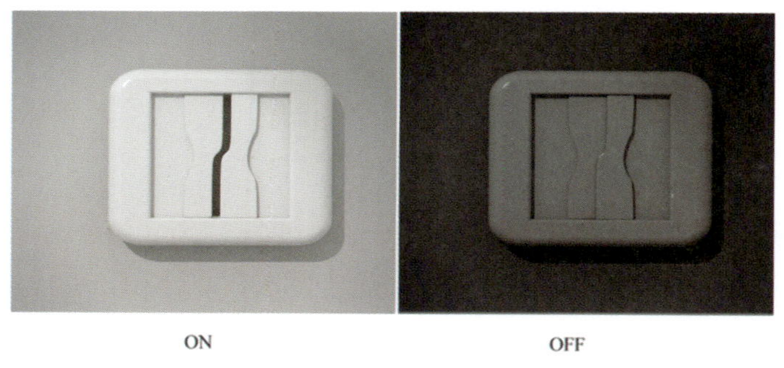

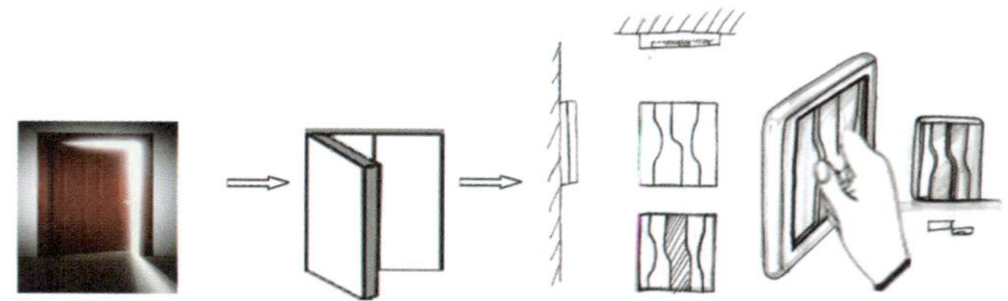

开关语义设计

Semantic Design of Switch

设计：路　杰
指导：高力群

——“百叶窗”

打开窗户阳光透射进来把整个房间都照亮了……

在寂静的夜色里，朦胧的月光同样透射过“窗户”，会让你想起“床前明月光……”的诗句。

效果图

ON　　　　OFF

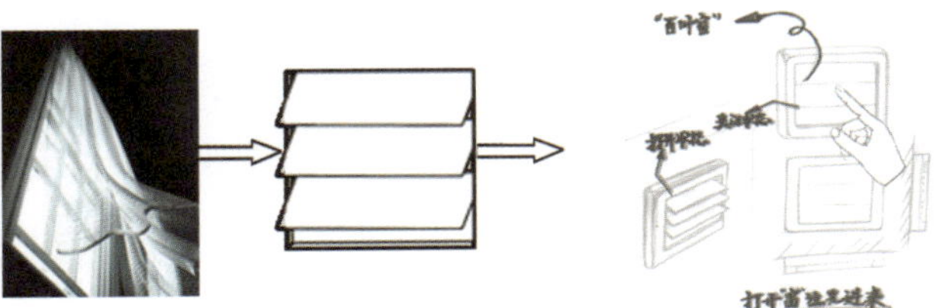

房间里光线暗时就把“窗户”打开，让柔和的光照射进来，轻轻一按“窗户”便打开了，光也随之照射了出来；再轻轻一按，“窗户”关闭了，光线也随之暗下来。

——波形图

以心电图的符号形式作为开关的语义提示。当心脏停止跳动的时候心电图也就会成为一条直线。真是所谓的“人死如灯灭”。当轻轻地按下开关的时候你就在“生”和“死”之间走过了一个轮回……

效果图

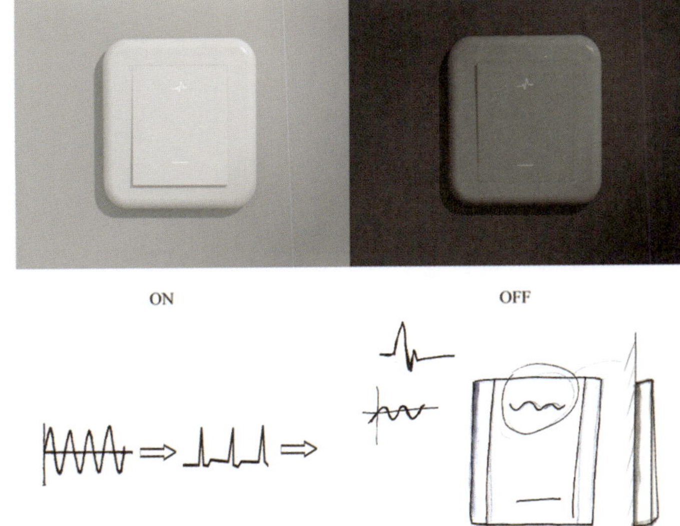

ON　　　　OFF

在这个设计中运用了隐喻的修辞手段，采用波形图作为设计源点，“波形图”表示有电流即开灯，下面的直线表示没有电流通过，即为关闭。

开关语义设计

Semantic Design of Switch

设计：路 杰

指导：高力群

“电路开关”

这是来自上物理课的经历，将电路图的符号形式形象地借用到开关的形态塑造中来。

效果图

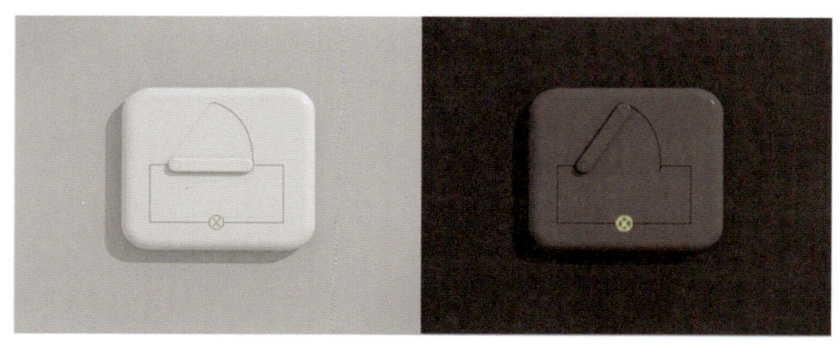

ON　　OFF

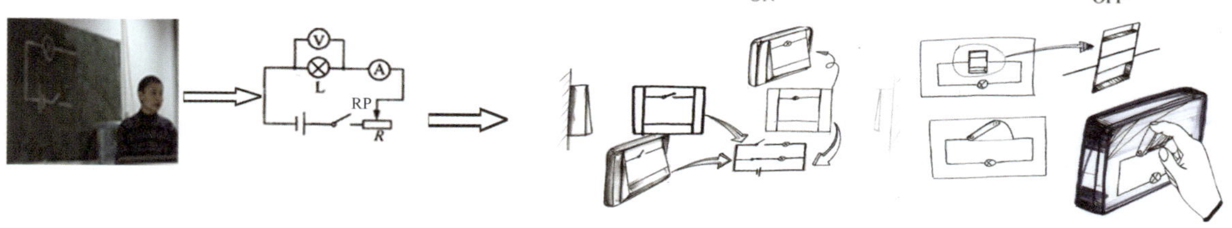

以“电路图”作为设计源点，利用“闭合”和“断开”来作为开关的语义提示，使开关无论是在“开通”或是“关闭”状态时语义提示都十分明确，符合人们的习惯和经验。

“开锁”

我们每天都在用钥匙开启和关闭某种锁，其实开关也是一种“锁”，也是有开和关的两种状态。就像开锁一样，只要把“钥匙”轻轻一拧，灯就“亮”了……

效果图

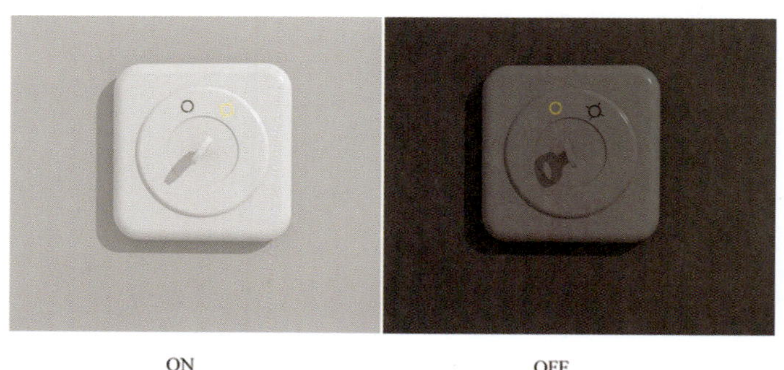

ON　　OFF

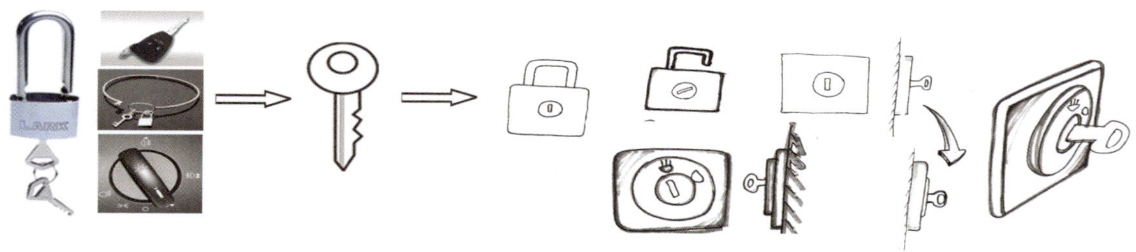

看到“钥匙”就知道这个开关肯定是用“拧”的方式来控制电路的，再加上上面的两个小LED灯，可很好地提示是“开启”还是“关闭”状态。

水龙头语义设计

■ **产品研究背景：**水龙头是人们日常生活中每天都要用到的，对于水龙头人们非常熟悉。究竟它的概念是什么呢？针对此问题我们只有先了解到水龙头在设计中要考虑的关键功能要素，才能体现和理解它的特点和含义。人们已经习惯了它的操作方式：旋、拧、按，这些语义符号能够更好地提供语义的指示，本次设计我们从产品语义学的角度使产品在造型上不仅能够明确其操作方式，而且更多地提取与之关联的符号，赋予产品本身更加丰富的内涵，这将是设计的重点所在。

■ **现有同类产品调查**

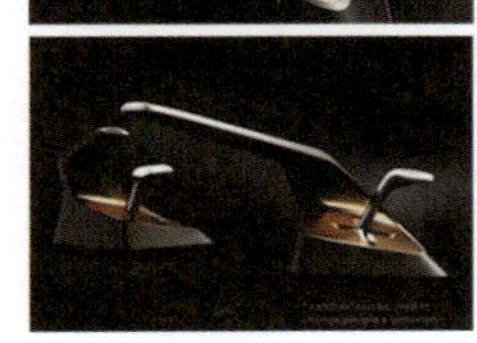

■ **产品分析：**目前的水龙头从造型来说各具特色，简洁大方。左图这个挂挡的水龙头提取了汽车挡位的符号，使产品在语义上丰富了内涵。目前的水龙头多采用不锈钢和玻璃材质，但总体上看，仍然较注重实用功能上的语义传达，欠缺了产品内涵和象征性。

■ **产品使用环境：**洗漱间、卫生间、厨房、公共环境。

水龙头开关设计要考虑的功能要素：

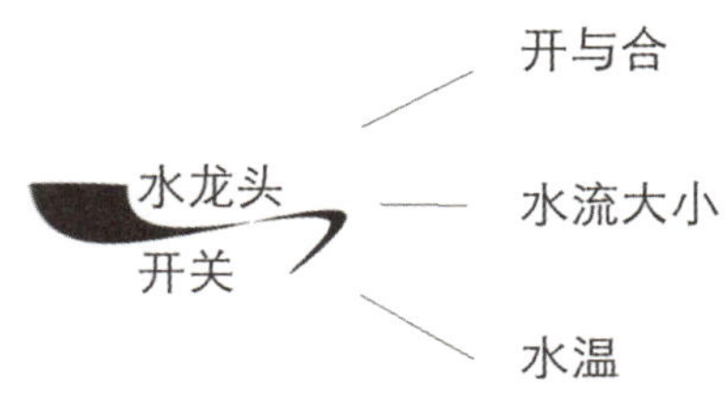

■ **提取语义关键词：**提水、水渠、辘轳、管道、堤坝。

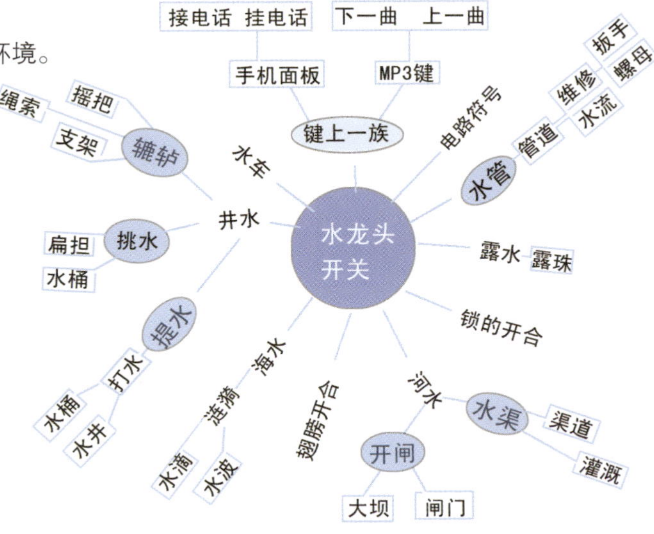

■ 由“水龙头”引发的符号联想

水龙头语义设计（之一）——“提水”

Semantic Design For Tap

设计：刘志霞
指导：高力群

■ 设计源点

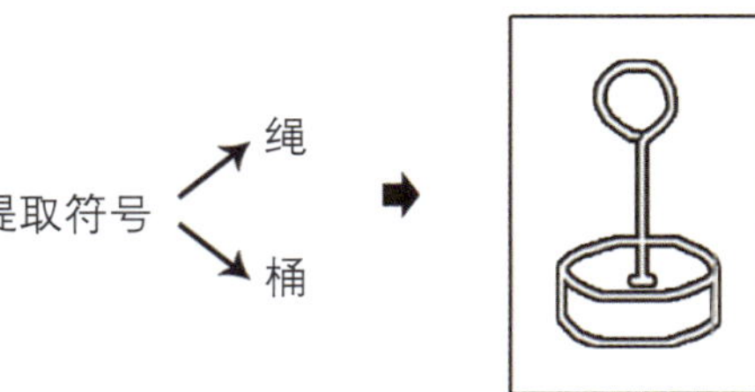

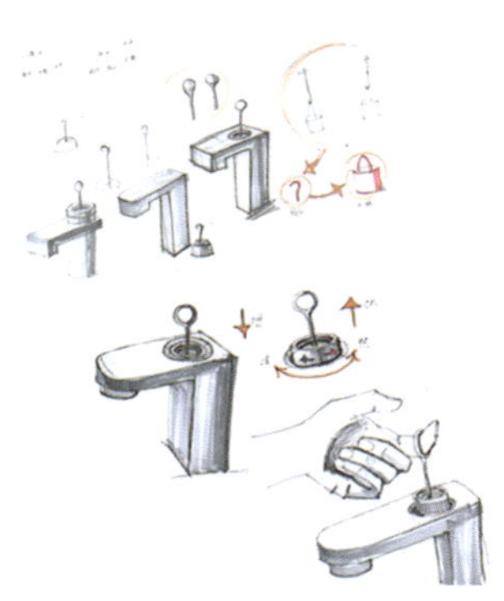

■ 操作示意图

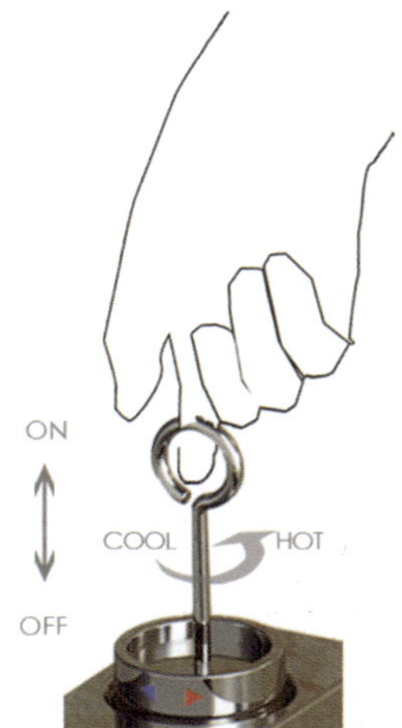

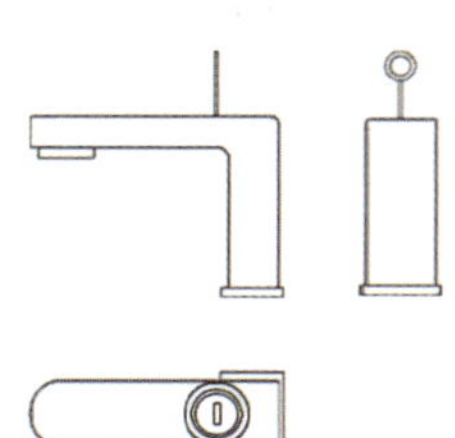

■ 方案拓展

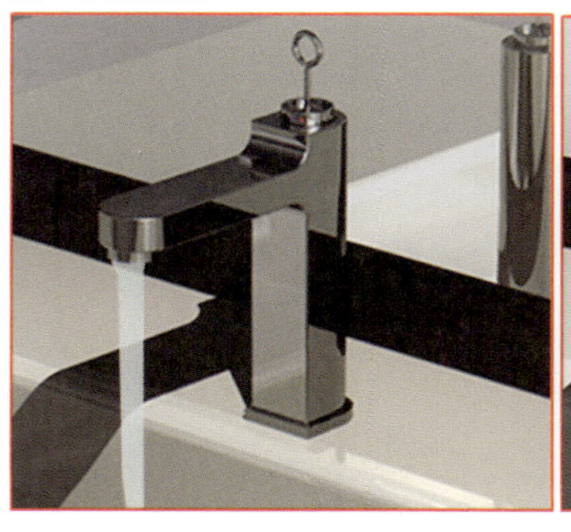

由“提水”的“提”、“挑水”的“挑”联想到：水桶、钩子、水井、扁担、绳子。我们把这些符号作为形态造型元素，使产品增添了一种纯朴和浓浓的乡情，给使用者带来丰富的联想和体验。

设计：刘志霞
指导：高力群

Semantic Design For Tap

■ 设计源点

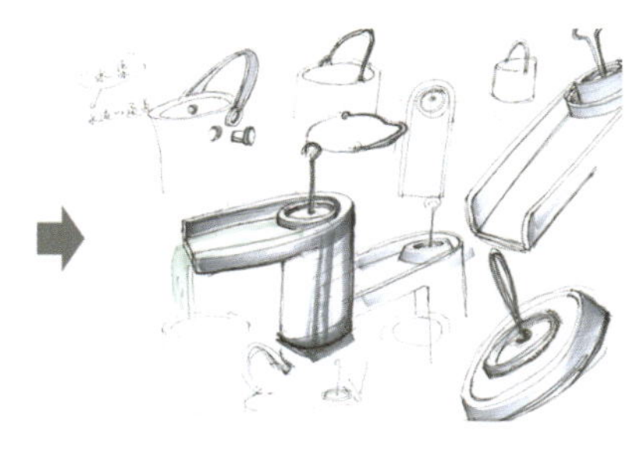

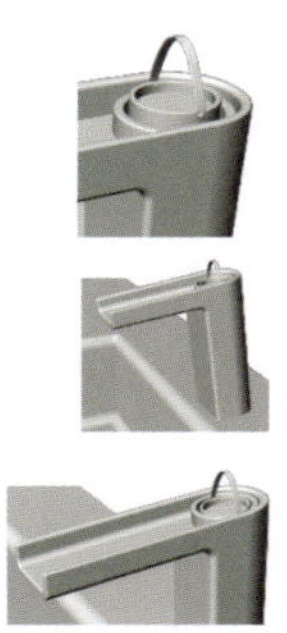

■ 效果图

由“水渠”联想到：灌溉、渠道、水桶、大坝、水井，提取要素运用到造型中，使使用者不仅在操作上语义明确，同时赋予了产品更多的内涵意义。使用方式通过拎桶的动作来控制开关，水温调节则通过左右旋转来实现。

■ 爆炸示意图

水龙头语义设计（之三）——“辘轳”

Semantic Design For Tap

设计：刘志霞

指导：高力群

■ 设计源点

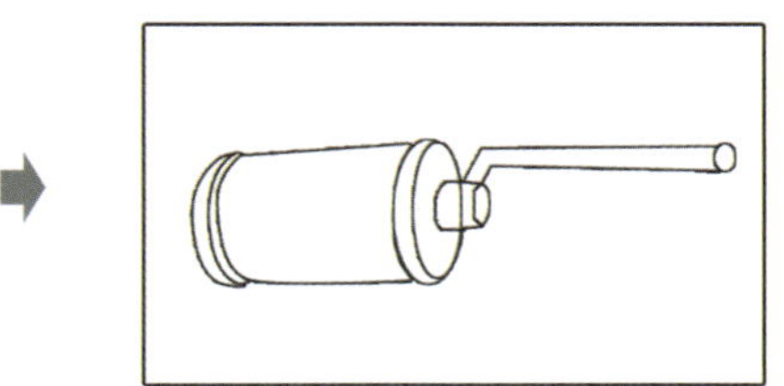

符号提取

抓住“辘轳”符号的主要特征，经过概括与提炼将摇把特征运用到水龙头的形态中，使使用者不仅在语义理解上更加明确，同时赋予了产品更多的寓意。通过“辘轳”的转动控制水的流量。

■ 效果图

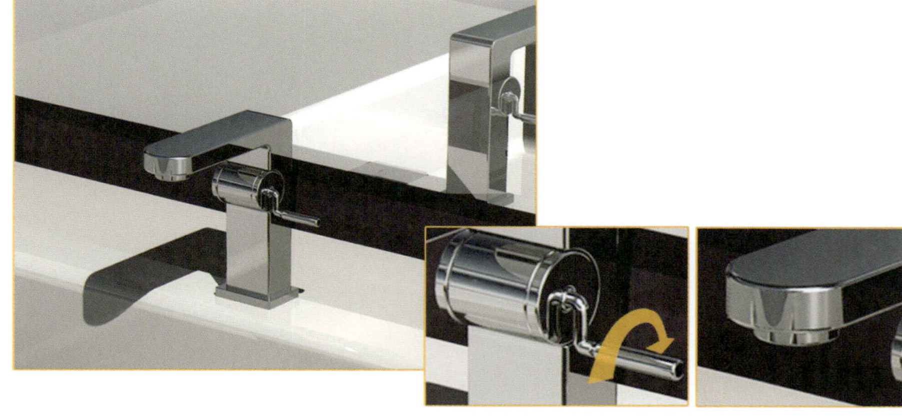

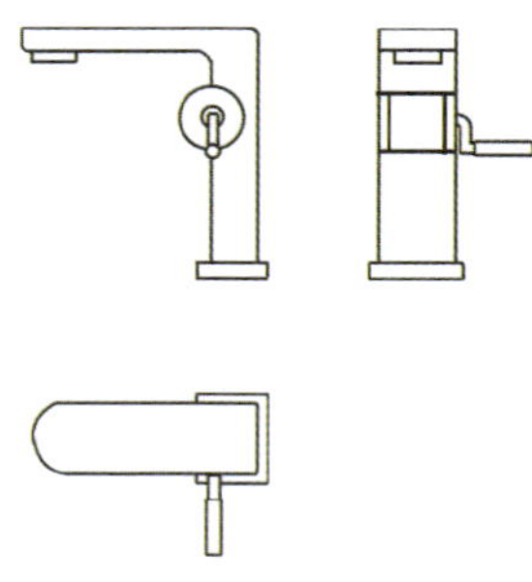

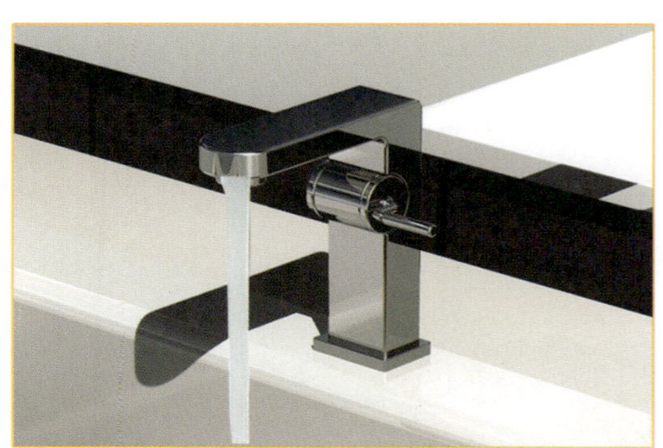

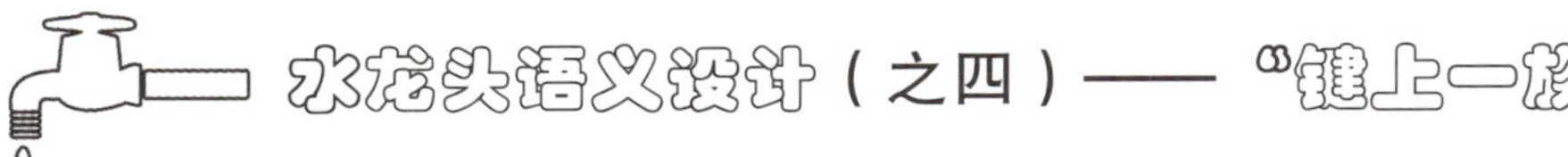

水龙头语义设计（之四）——“键上一族”

Semantic Design For Tap

设计：刘志霞

指导：高力群

■ 设计源点：

■ 符号提取

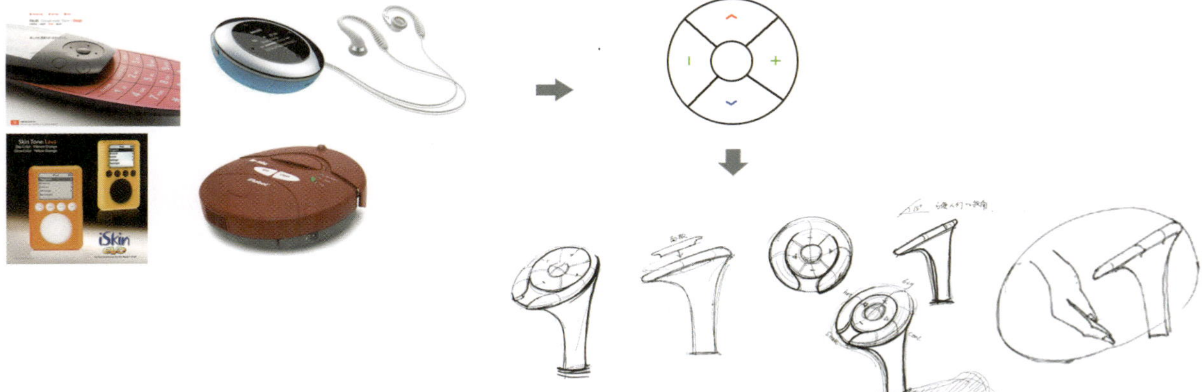

■ 效果图

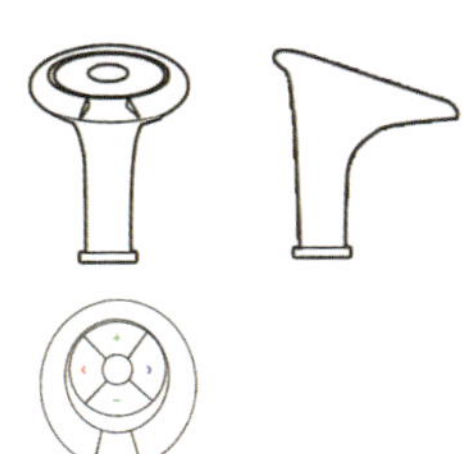

“键上一族”是现代年轻一族时尚的特征，把MP3机的按键运用到水龙头的控制上，由功能的类似性提取符号元素，更加体现了产品的时代感。给使用者在洗手的瞬间体验到播放一首美妙音乐的享受。

水龙头语义设计（之五）——“管道”

Semantic Design For Tap

设计：刘 斌
指导：高力群

■ **设计源点：**

■ **语义关键词：**金属、现代、扳手、螺母、管道。

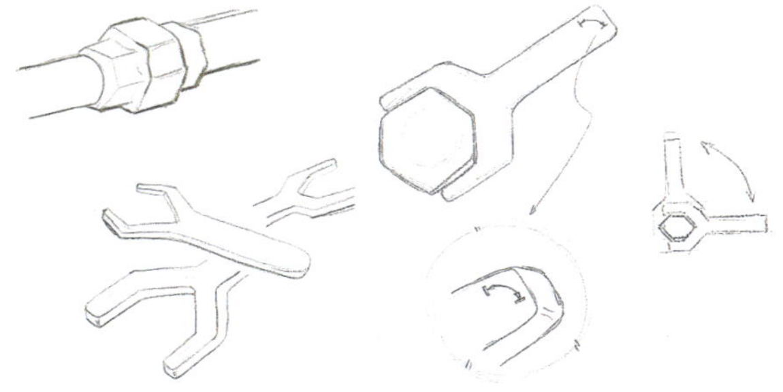

■ **设计说明：**这款水龙头的设计主要在于强调产品“开与关”语义的传达。抛开现有产品各种繁琐新奇的开关方式，而是利用人们意识中使用扳手时“顺时锁紧，逆时松开”的印象，将水龙头及开关以一种与之关联的符号形态展现出来，同时也让产品在使用时增添了一份情趣的体验。不锈钢材质则使产品现代感加强。

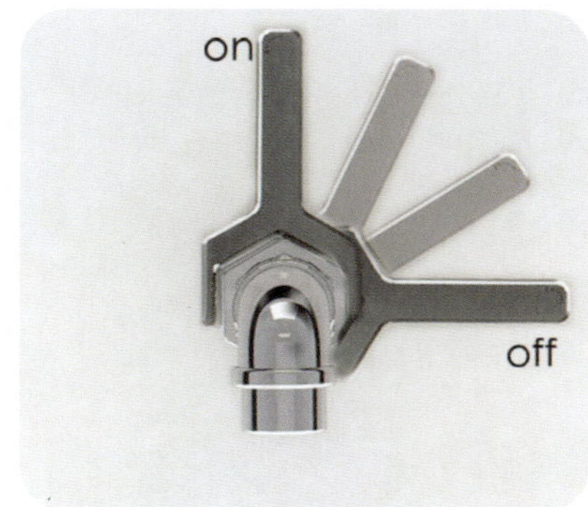

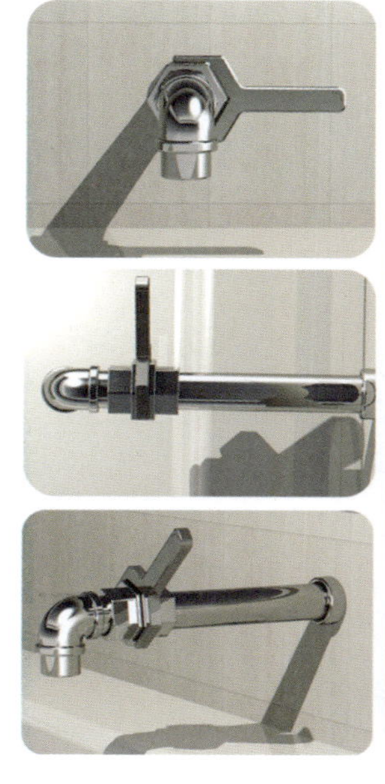

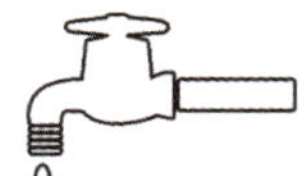

水龙头语义设计（之六）——“提坝”

Semantic Design For Tap

设计：刘 斌
指导：高力群

■ 设计源点：

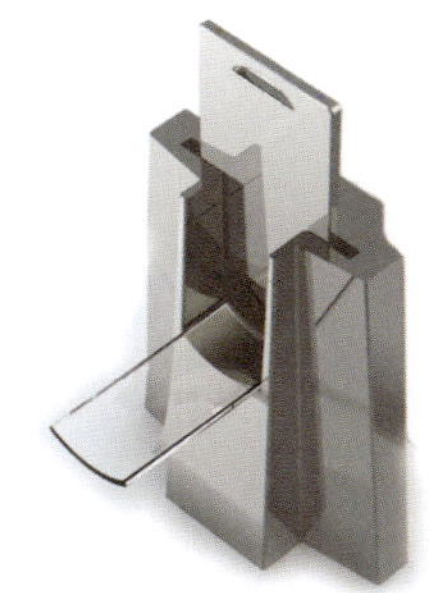

■ 语义关键词：大坝、开闸、泄洪、挺拔。

■ 设计说明：对于水的开与关控制，借用了水库大坝的闸门符号，经过形态的抽象与提炼，使水龙头也可以有水幕似的“壮观”景象。“开闸”的“开关”语义直观而简明。玻璃与金属的有机结合以及高耸的造型都显现出一种现代简约的气息。

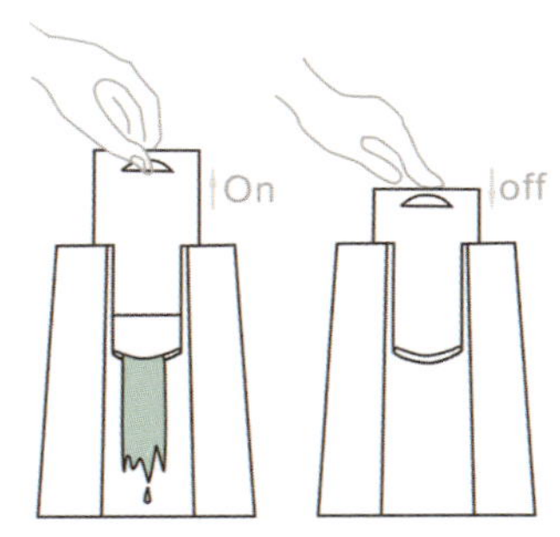

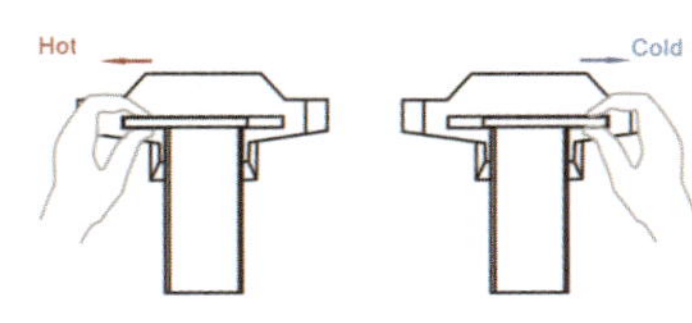

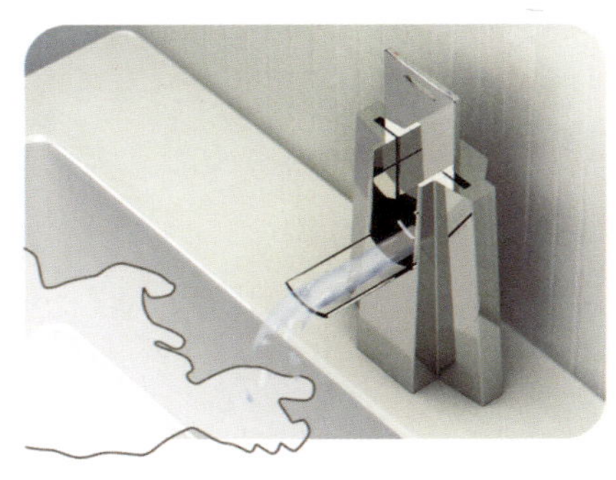

6.2 饮水机形态语义设计

1. 饮水机概述

一般而言，人能根据被储存脂肪生存二到八个星期不等，但没有水则通常过不了两个星期，人类的饮水方式也随着生活方式的改变和科技的发展在不断地改变着（图6-1）。兴起于20世纪90年代的饮水机，在小家电领域里的热度随着近年来人们生活水平的提高而逐年攀升，从生产、包装、运输以及使用形成了完备的体系，使人们的饮水方式更加便捷、安全和舒适，饮水机已被广泛地应用在家庭、办公、公共环境、旅行等各个不同的环境中。

图6-1 饮水的变迁

在众多品牌、型号饮水机产品中，归纳起来不外乎是温热、冰热、冰温热三种类型，冰热机又分为半导体制冷饮水机和压缩机式制冷饮水机两种。

2. 设计要求

1）对“饮水”符号意象和关联语义的思维发想，可列出思维导图。从“饮”的方式、器具、功能、场合、习俗与文化等方面进行全面分析与语义提炼，发掘出具有独特内涵的关联语义符号。

2）进行同类产品市场调查和相关产品与时尚要素的分析，得出目前普遍的饮水机产品状况，发现市场需求与空白，为设计概念的提出寻求线索与根据。

3）明确使用人群和产品使用环境等产品语境因素，从“饮水”所关联的“符号网络”中提取有价值的语义关键词。

4）由语义关键词及语境要素为设计源点，进行产品形态塑造，以草图形式呈现。

5）确立产品语义形态，完成设计方案。

3. 训练目的

侧重在产品使用语境的限定条件下，围绕“饮水”展开跳跃式的符号关联性思维发想，寻求有价值的关联符号形式，赋予产品以新的内涵。突出产品在文化、心理体验、趣味性及象征性语义层面的诉求，提高运用修辞手段拓展思维视角的能力。

■ 产品语境分析

■ **同类产品调查**：获得产品第一手资料，发现市场空白点，为设计创新奠定方向。

■ **相关产品款风及时尚趋势分析**

■ **目标人群定位及环境分析**：由市场调查可以看到，目前多数饮水机只是满足物质功能的需求，在形态、材质及色彩虽有一定的变化，但在产品的使用体验以及内涵方面相对欠缺。目标人群应定位在年轻、时尚、追求生活品位白领一族。根据时尚趋势及使用环境分析，产品的形态语义应定位于简约、注重细节和富有情趣与内涵。

■ 由“饮”所产生的关联意象符号

■ 由“饮”展开的符号关联（即发散思维导图），并从中锁定三个关键词作为下面设计的语义源点。

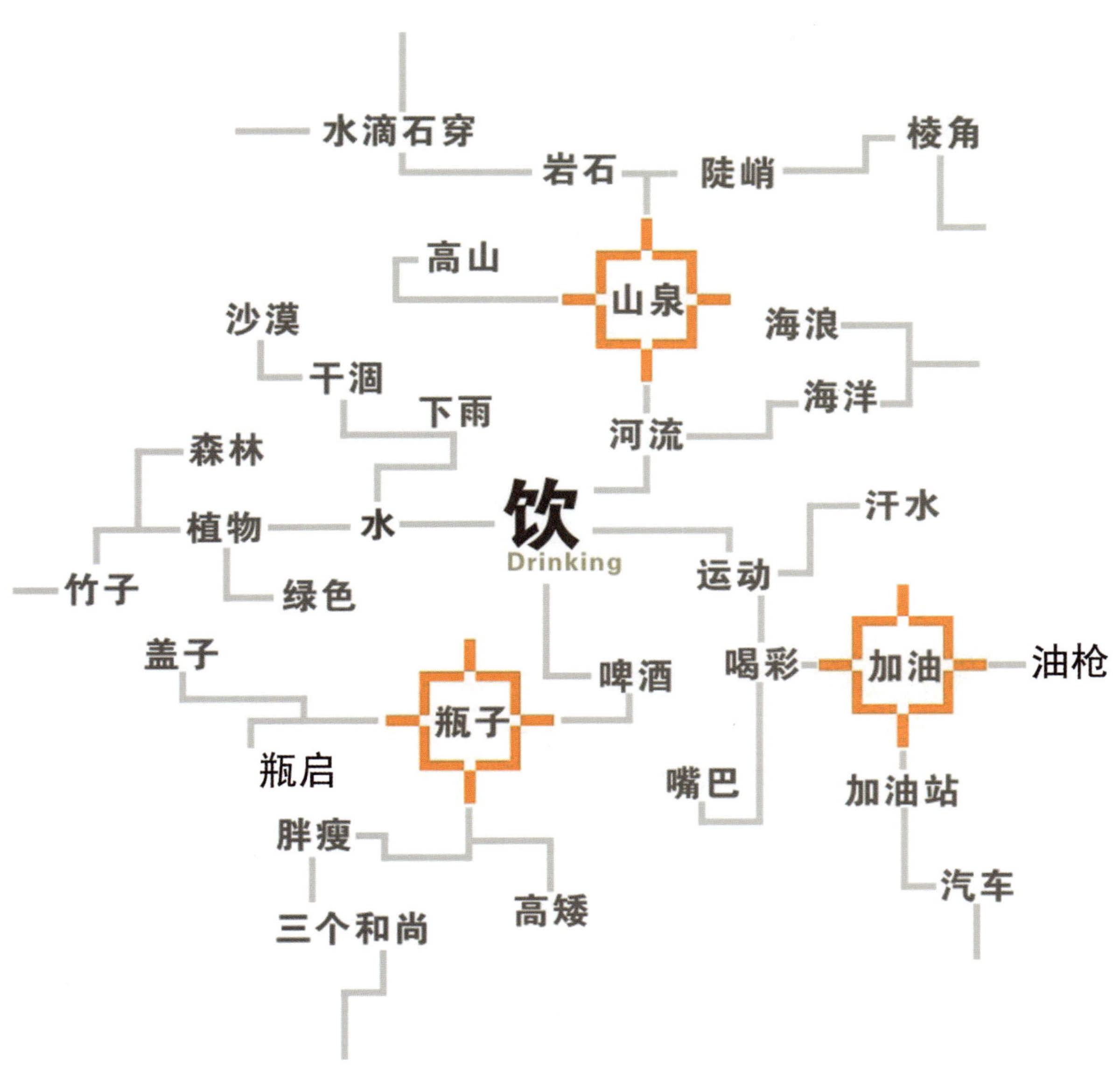

提取语义关键词：1. 山泉
2. 瓶子
3. 加油

设计源点

■ 饮水机形态语义设计之一：山泉

根据人们饮水时的心理联想，使饮水机的形态犹如自然中的山石一般，为使用者营造出一种取自天然的甘露一样的氛围和心理感受。

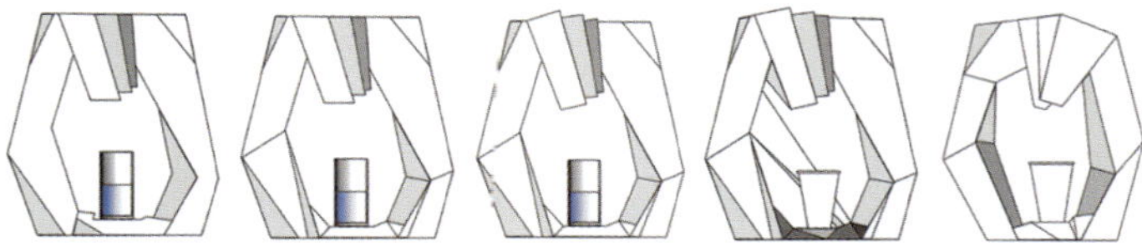

形态构思与演变

“山泉”饮水机
Spring

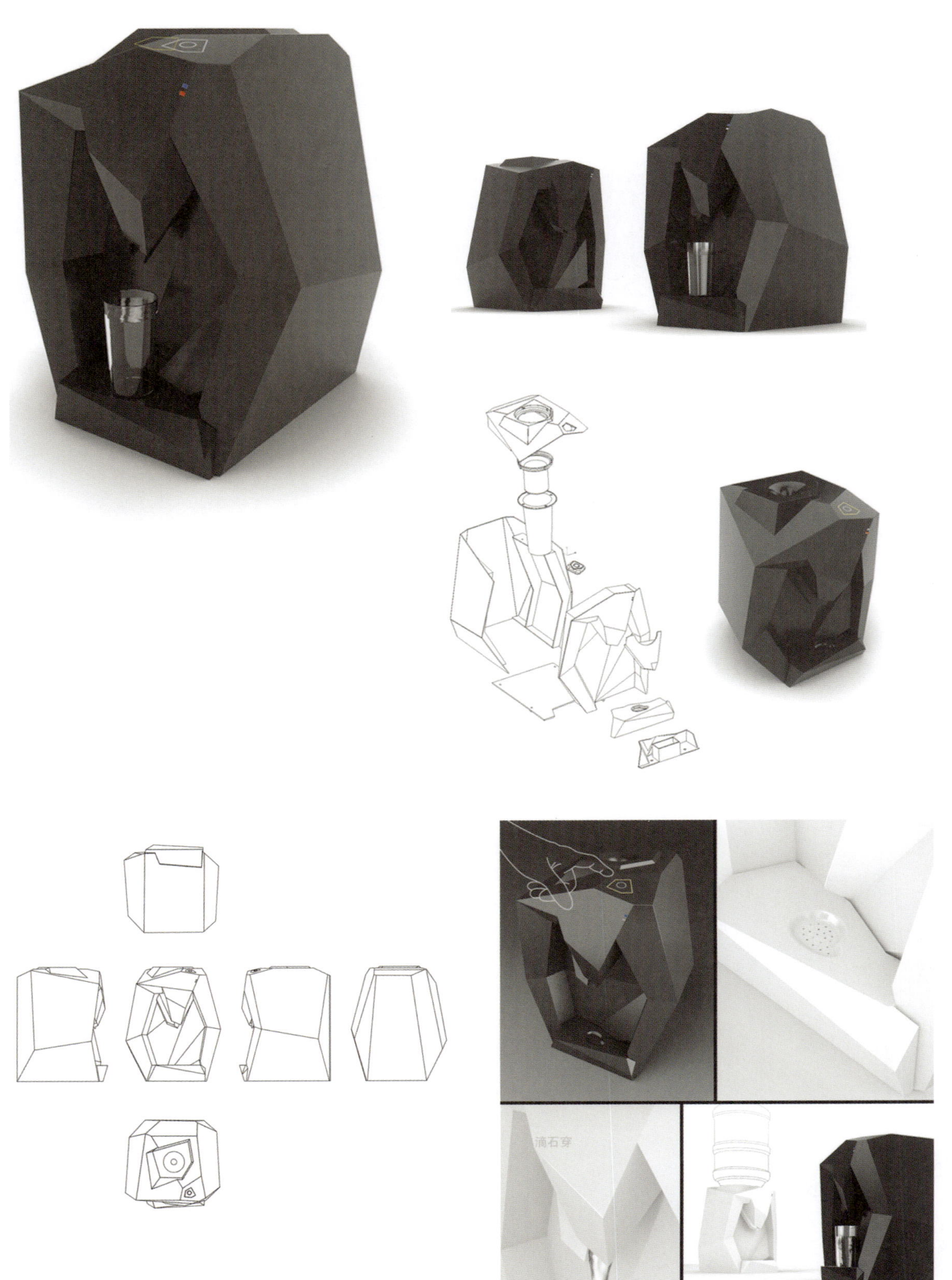

设计：高力群 张楠

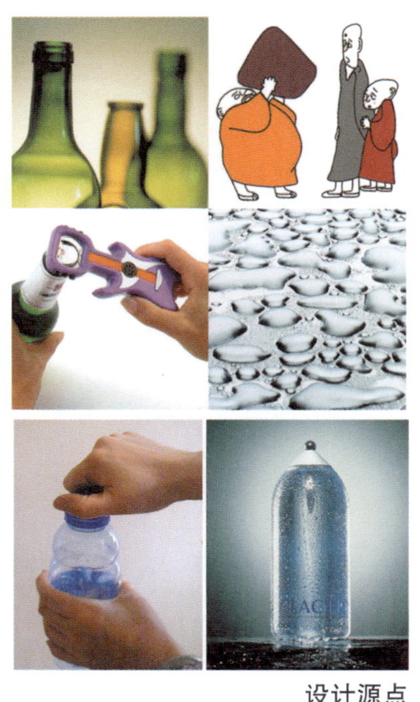

设计源点

饮水机形态语义设计之二：瓶中水
Bottle

根据人们饮水时常用到的器具——瓶子作为主要关联符号元素，接水盒的形态则根据水落在平面上的两种状态——“涟漪”和“水珠”作为塑造源点，对于开启的方式则选择了“旋开”与“启开”两个取水时常见的关联动作为依据，两个瓶子的高矮、胖瘦则受到《三个和尚》的外形启发，所以说，本设计运用了借喻和隐喻两种不同的修辞手法作为符号的关联与语义的传达手段。

■ 旋开的瓶子
Whirling

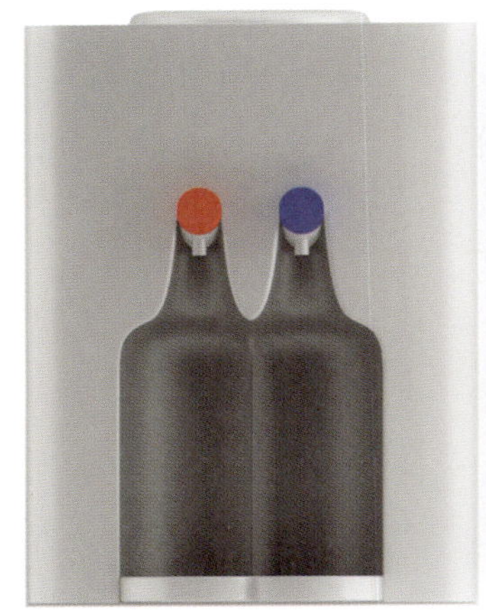

设计：高力群 张楠

启开的瓶子
open

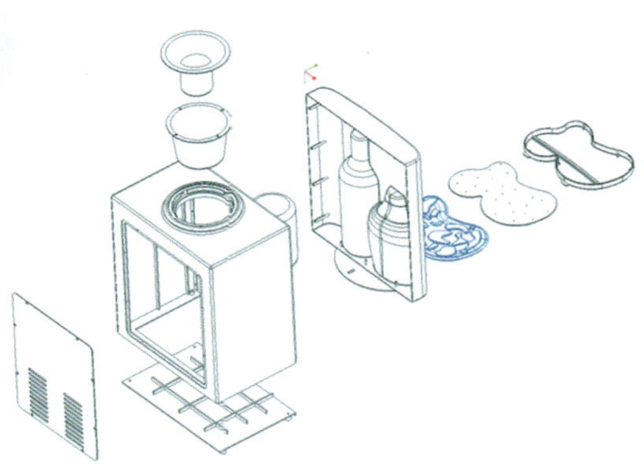

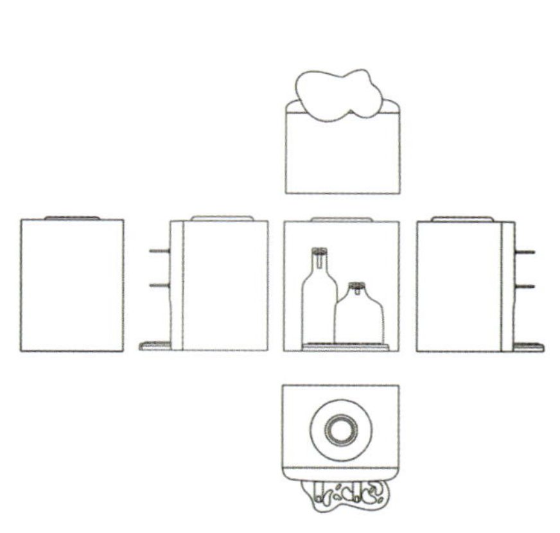

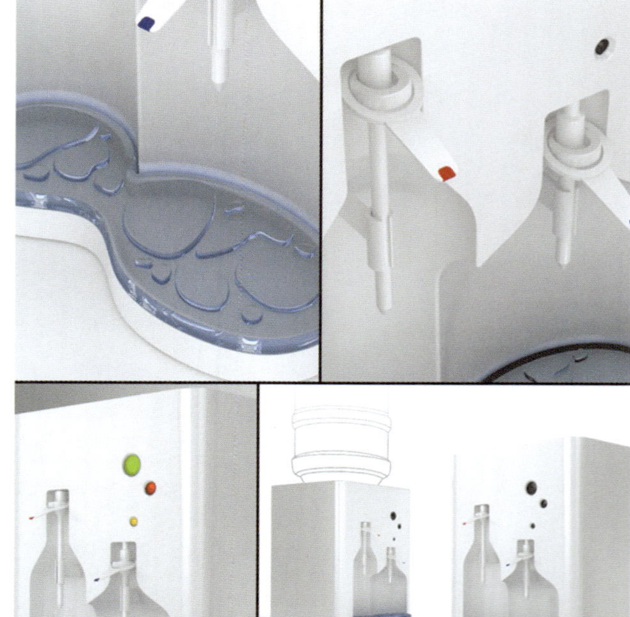

设计：高力群　张楠　刘小龙

饮水机形态语义设计之三：加油站 Stations

由喝水—运动—加油—汽车加油站等语义关联词产生的灵感，将补充水分（能量）这一类似的概念借用在饮水机的形态塑造上，显然是运用了隐喻的修辞方法。较目前常规饮水机产品，从操作方式上虽增加了动作，但带给人的心理体验和语义联想却大大地丰富了。

设计源点

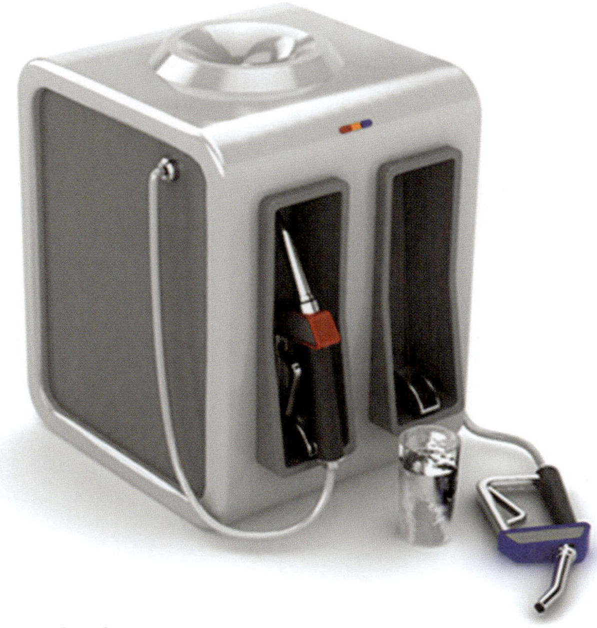

设计：高力群 张健伟

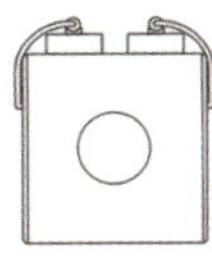
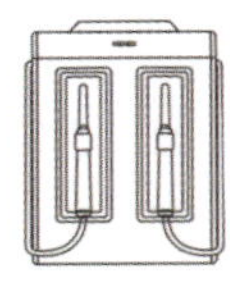
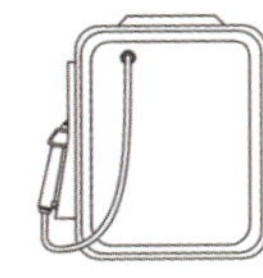
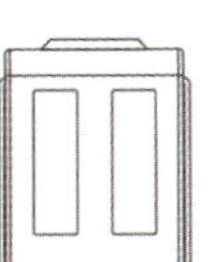
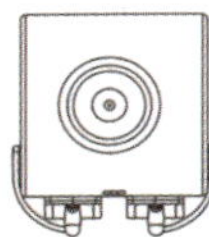
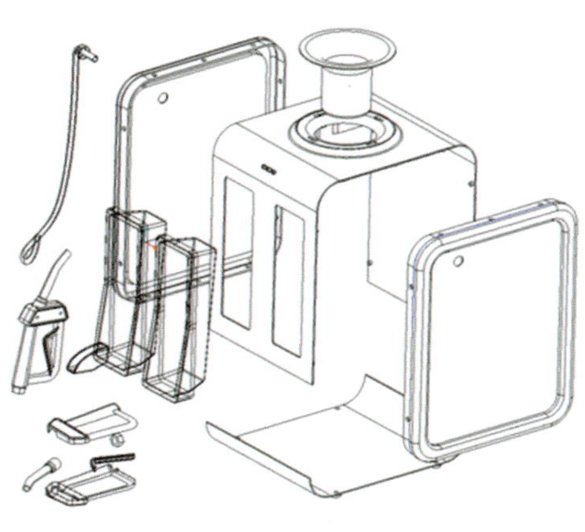

6.3 校园公共设施（户外坐具）语义设计

1. 校园公共设施现状

当我们进入一个陌生的校园，首先给我们留下印象的大概就是它的建筑、指示系统、景观、绿化布局等，然后就是它的照明、坐具、垃圾箱等户外公共设施。如果把一个学校的办学理念、管理模式、社团生活、师生的精神风貌等比作校园文化的软件，那么，校园公共设施就是校园文化的硬件，它是组成校园文化的一个重要组成部分，也是给人最直接、最外在的一个符号系统。

校园公共设施包括生活设施、办公设施、教学设施、休闲设施以及相关服务设施，具体讲可包括坐具、照明、指示标志、垃圾箱、候车亭、课桌椅等，而户外坐具是最具代表性的设施之一。从目前的情况看，校园户外坐具大多仅是满足了使用功能的需要，从产品语义的角度看，坐具的设计和选择仍未能充分考虑使用者行为特点、校园建筑特色、学校文脉的延续等产品所要传达的象征和精神内涵因素。一个好的产品应该是功能（实用与精神）优良的信息传达载体，通过户外坐具可以很好地满足师生们学习、休闲的功用，与此同时，也可以通过坐具的符号特征传递出校园的文化气息和特色。

2. 设计要求

1）从学校特质、校园环境、使用人群行为方式、坐具自身特点等语境因素出发，展开符号意象和关联语义的思维发想，从中挖掘出具有独特内涵的语义符号。

2）进行同类产品市场调查和相关产品与时尚要素的分析，得出目前普遍的产品状况，为设计概念的提出寻求线索与根据。

3）由语义关键词为设计源点，进行产品形态塑造，以草图形式呈现。

4）确立产品语义形态，完成设计方案。在方案的表现上注重对人在特定语境下的行为方式的分析。

3. 训练目的

侧重在产品使用语境的限定条件下，紧紧围绕“坐在户外”展开广泛的符号关联性思维发想，寻求新颖的关联符号形式，赋予产品以恰当的符号内涵。突出产品在文化、心理体验、趣味性及象征性层面的诉求，提高灵活运用各种“修辞”手段拓展思维视角的能力。

校园公共设施设计——户外坐具

Public Facilities Design of Campus——Outdoor Chairs

设计：刘 斌

指导：高力群

■ 语境分析

■ 校园环境

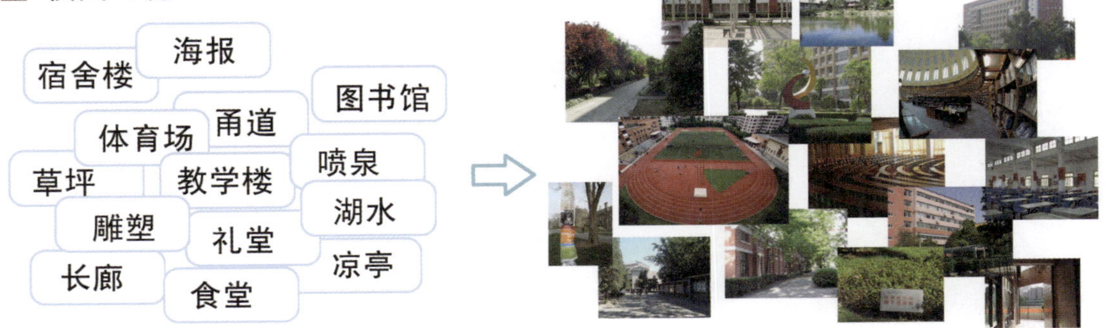

■ 学校特质——符号联想

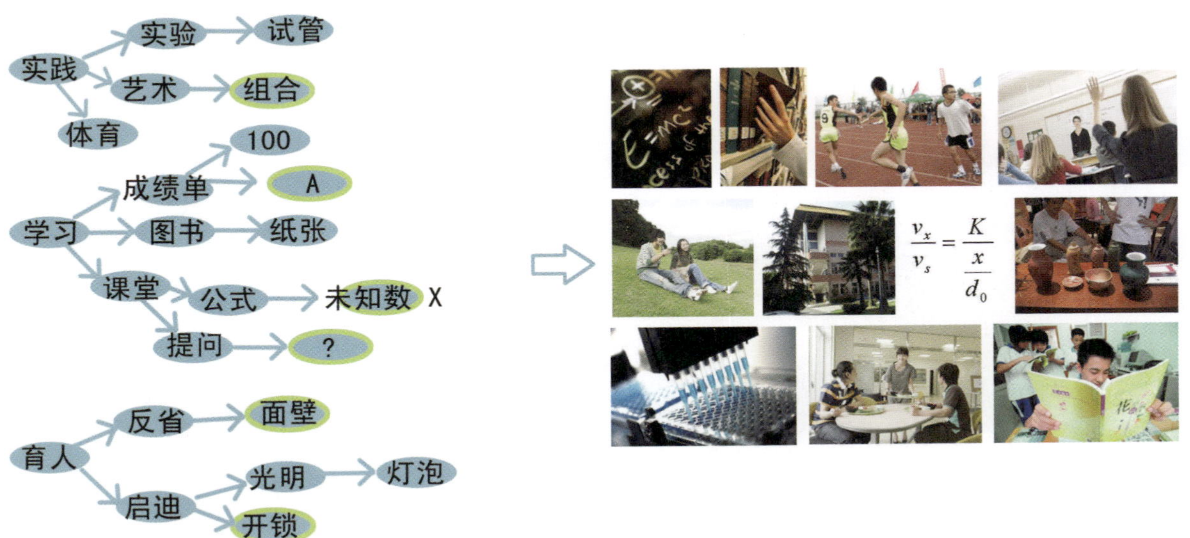

■ 目标人群特征——符号联想

运动、五彩缤纷、时尚、活力、年轻、不拘一格、集体、团结、积极向上、好动、乐观。

■ **提取语义关键词：** A、X、锁、面壁、组合

校园公共设施设计——户外坐具

Public Facilities Design of Campus——Outdoor Chairs

设计：刘　斌
指导：高力群

单体

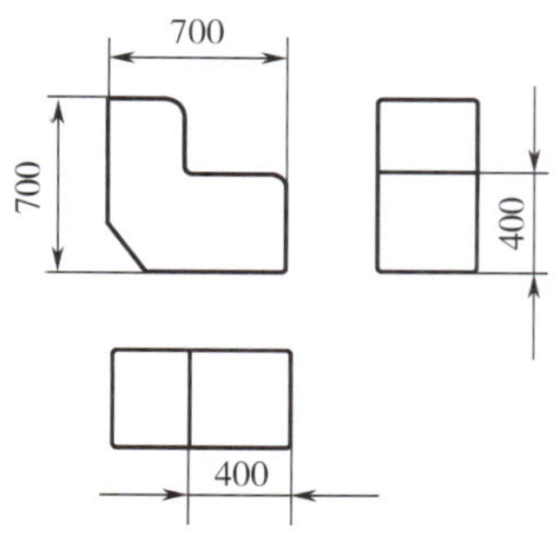

材料：石材

组合方式一

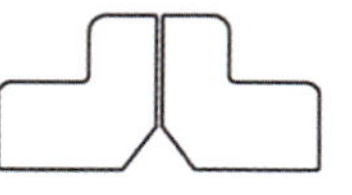

组合方式二——“X”

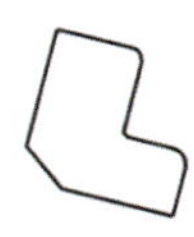

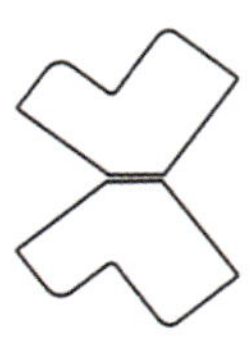

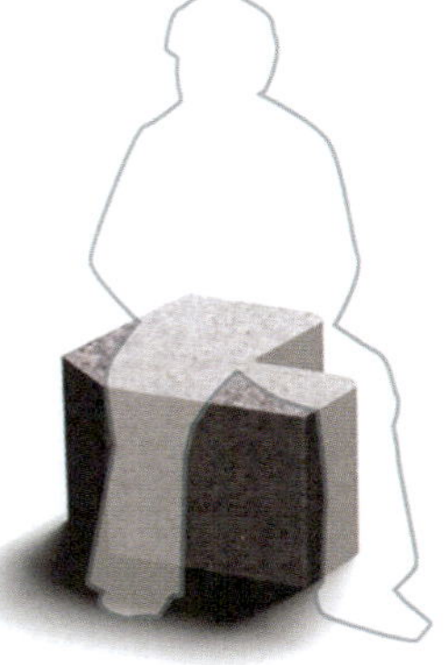

校园公共设施设计——户外坐具

Public Facilities Design of Campus——Outdoor Chairs

设计：刘 斌
指导：高力群

组合方式三

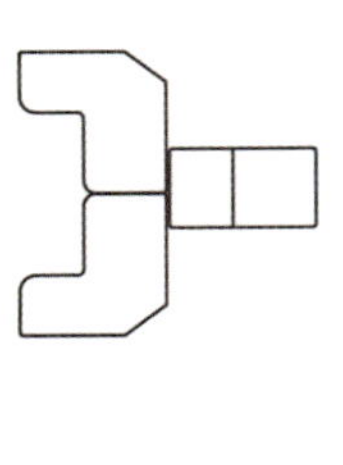

组合方式四

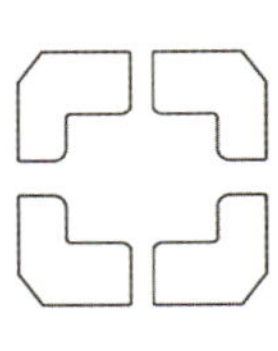

组合方式五

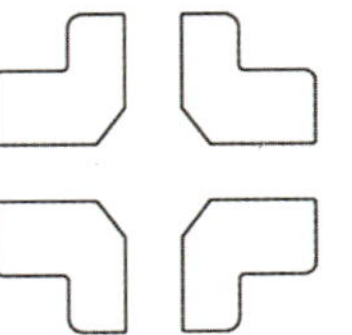

校园公共设施设计——户外坐具

Public Facilities Design of Campus——Outdoor Chairs

设计：路　杰
指导：高力群

“面壁”椅

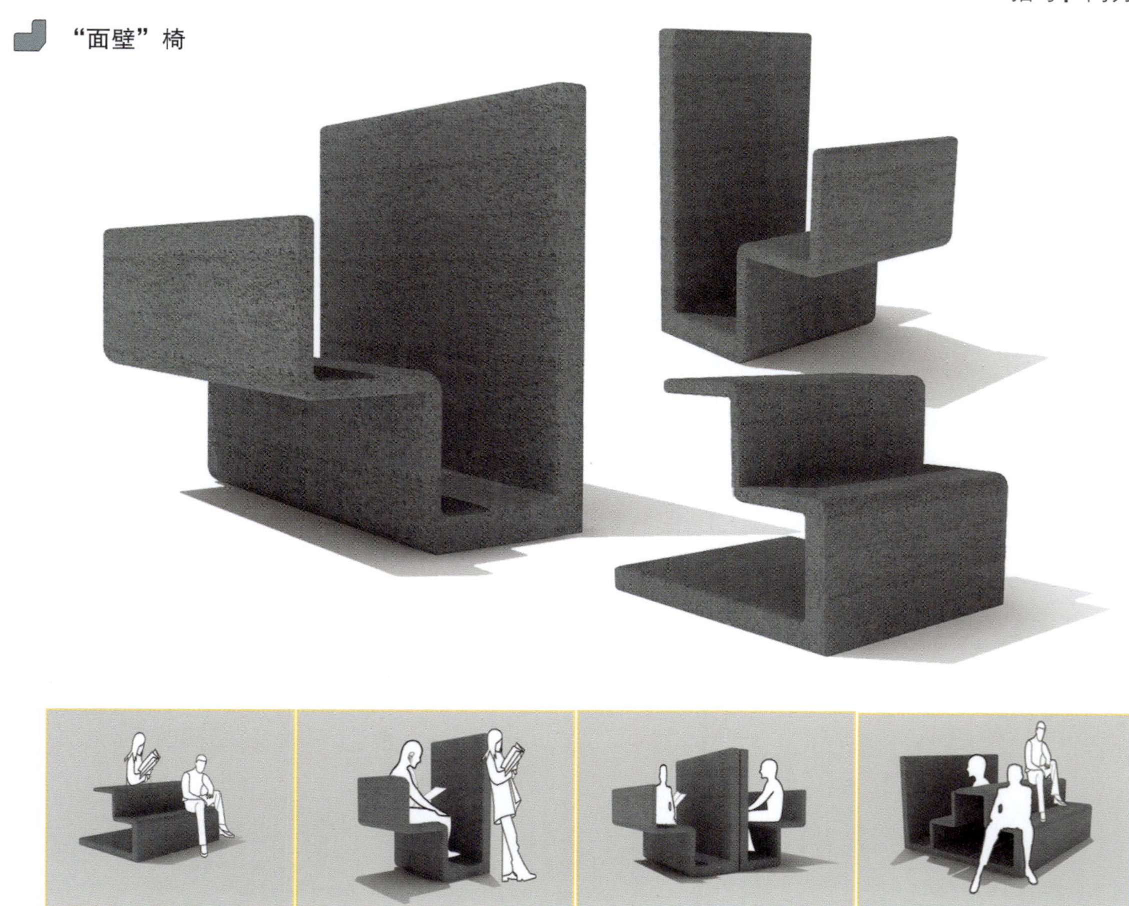

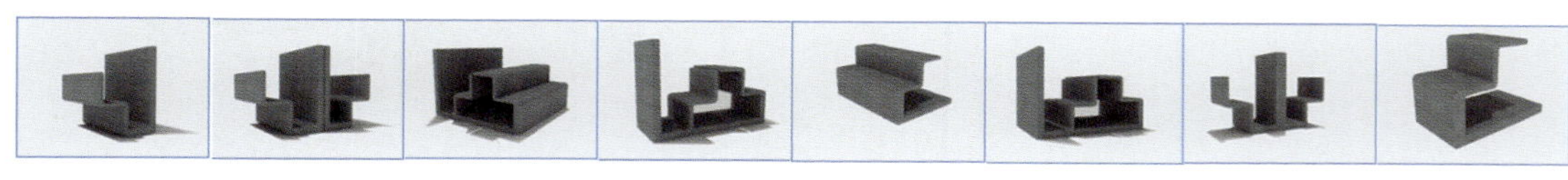

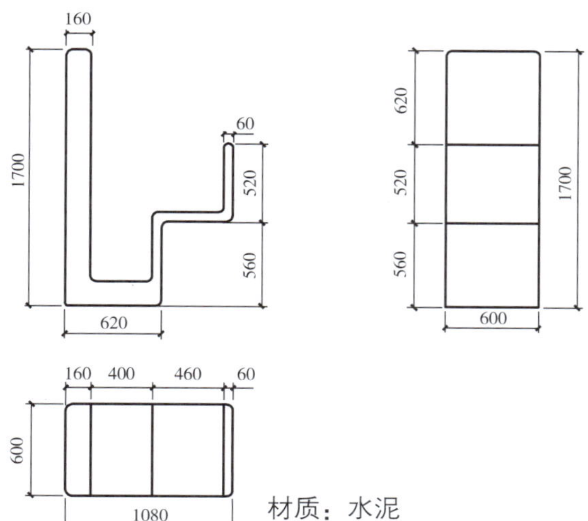

材质：水泥

“学而不思则惘，思而不学则怠……”，在忙碌的学习之余也不要忘记了反思一下自己。

坐在“面壁椅”上，面对着“墙壁”是不是有一种“面壁思过”的感觉？通过单体的翻转和组合，“面壁椅”还会有多种不同的形式。

校园公共设施设计——户外坐具

Public Facilities Design of Campus——Outdoor Chairs

设计：刘志霞
指导：高力群

 椅

材质：石材或水泥

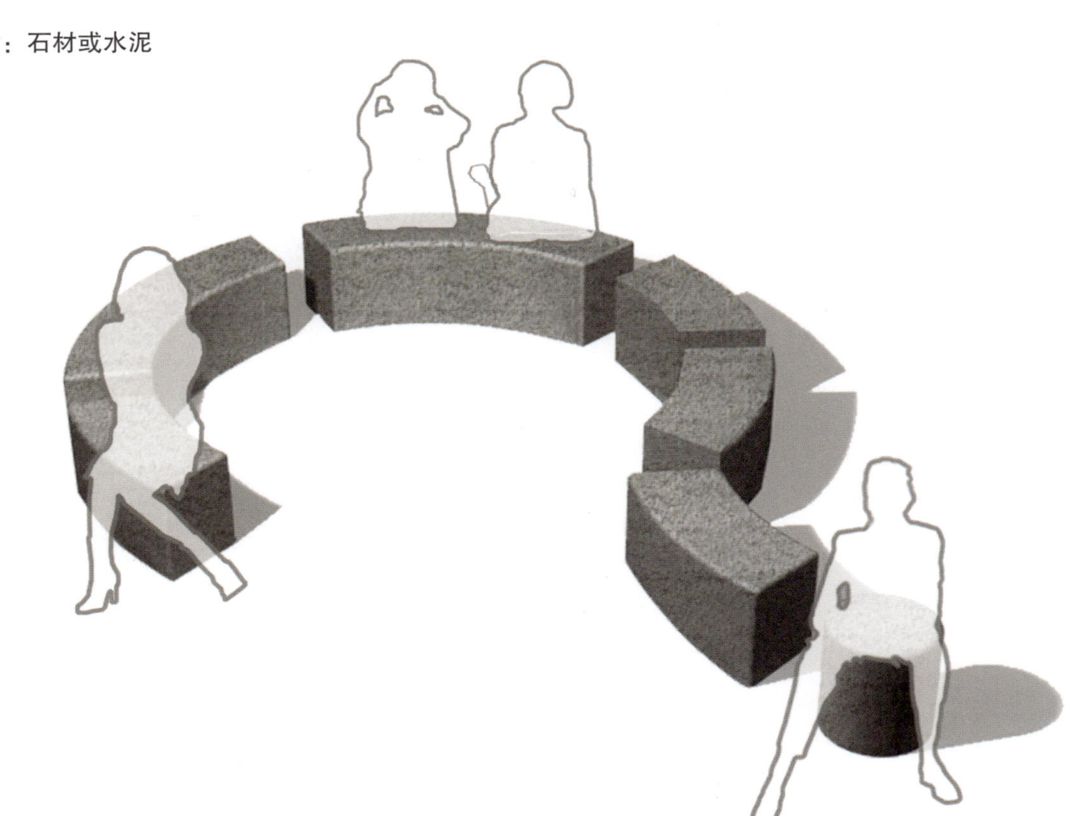

校园是我们学习的场所，也是伴随我们从求学、求知，从无知到知之的一个过程，身边存在无数个未知数，等待我们不停地探索和解答。

校园公共设施设计——户外坐具

Public Facilities Design of Campus——Outdoor Chairs

设计：刘志霞

指导：高力群

 椅

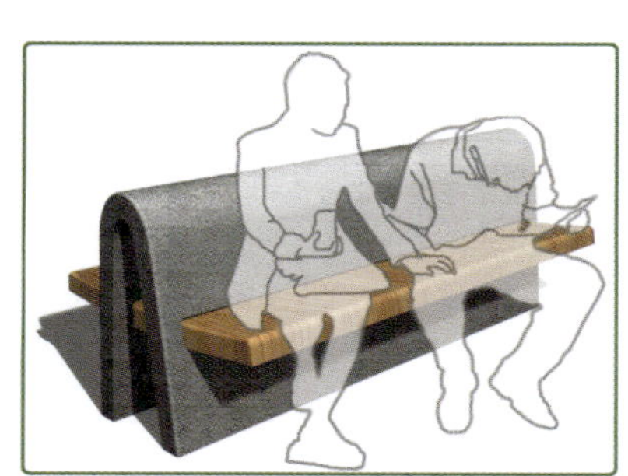

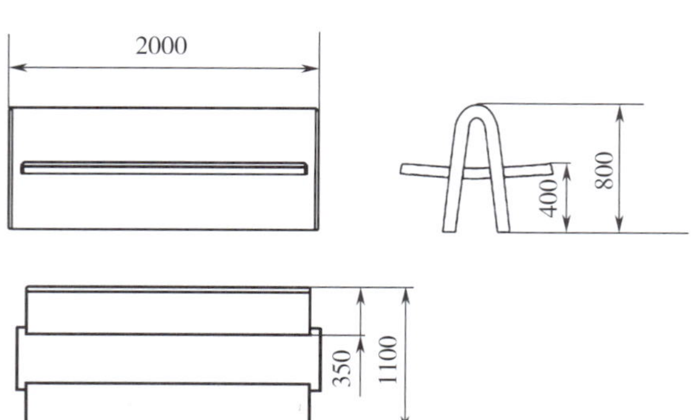

拿到“A”或“100”分对学生来讲无疑是最大的快慰！提取这样的符号来设计座椅，相信大家都很乐意来坐吧！因为我们都想争第一。

校园公共设施设计——户外坐具

Public Facilities Design of Campus——Outdoor Chairs

设计：刘志霞
指导：高力群

 “锁” 椅

材质：石材、不锈钢管、橡胶

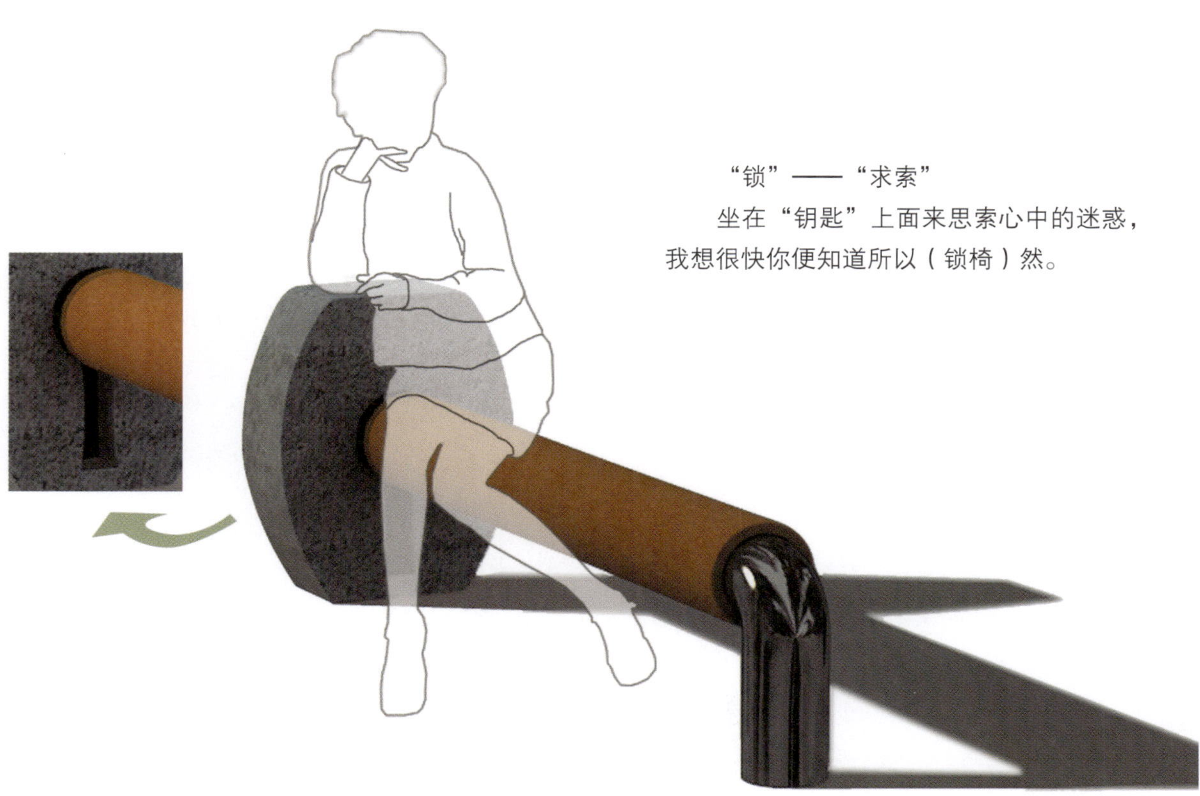

“锁”——“求索”

坐在“钥匙”上面来思索心中的迷惑，我想很快你便知道所以（锁椅）然。

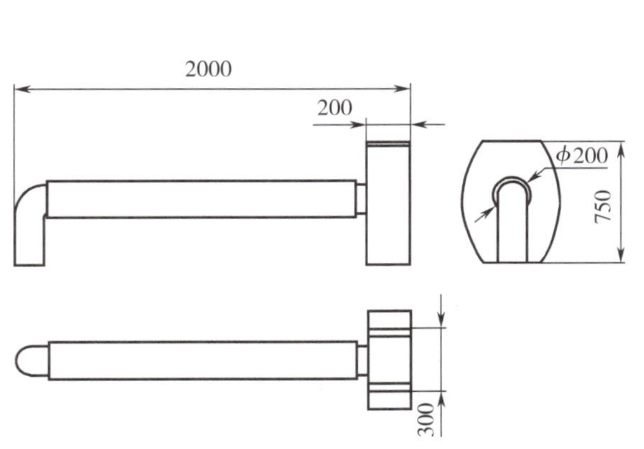

参考文献

[1] 陈炬，张崟. 产品形态语意［M］. 北京：北京理工大学出版社，2008.

[2] 布莱恩・劳森. 设计师怎样思考［M］. 杨小东（鲁革），锻炼，译. 北京：机械工业出版社，2008.

[3] 郭庆光. 传播学教程［M］. 北京：中国人民大学出版社，1999.

[4] 戴维・布莱姆斯顿. 产品概念构思［M］. 北京：中国青年出版社，2009.

[5] 徐鹏，等. 修辞和语用［M］. 上海：上海外语教育出版社，2007.

[6] 汤姆・狄克逊. 国际设计年刊［M］. 侯晓盼，译. 北京：中国建筑工业出版社，2006.

[7] 张凌浩. 下一个产品［M］. 南京：江苏美术出版社，2008.

[8] 张凌浩. 产品的语意［M］. 北京：中国建筑工业出版社，2005.

[9] 居阅时. 弦外之音［M］. 成都：四川人民出版社，2005.

[10] 张宪荣. 设计符号学［M］. 北京：化学工业出版社，2004.

[11] 胡飞，杨瑞. 设计符号与产品语意［M］. 北京：中国建筑工业出版社，2003.

[12] 王效杰. 工业设计：趋势与策略［M］. 北京：中国轻工业出版社，2009.

[13] 赫斯科特. 设计无处不在［M］. 丁珏，译. 南京：译林出版社，2009.

[14] 陈浩，高筠，肖金花. 语意的传达［M］. 北京：中国建筑工业出版社，2005.

[15] 罗兰・巴特. 符号学原理［M］. 王东亮，等译. 上海：生活•读书•新知三联书店，1996.

[16] 戴维・迈尔斯. 社会心理学［M］. 张志勇，等译. 北京：人民邮电出版社，2006.

[17] 白晓宇. 产品创意思维方法［M］. 重庆：西南师范大学出版社，2008.